경북의 종가문화 36

소학세가,
현풍 한훤당 김굉필 종가

기획 | 경상북도 · 경북대학교 영남문화연구원
지은이 | 김훈식
펴낸이 | 오정혜
펴낸곳 | 예문서원

편집 | 유미희
디자인 | 김세연
인쇄 및 제본 | 주) 상지사 P&B

초판 1쇄 | 2016년 5월 10일

주소 | 서울시 성북구 안암로 9길 13(안암동 4가) 4층
출판등록 | 1993년 1월 7일(제307-2010-51호)
전화 | 925-5914 / 팩스 | 929-2285
홈페이지 | http://www.yemoon.com
이메일 | yemoonsw@empas.com

ISBN 978-89-7646-350-0 04980
ISBN 978-89-7646-348-7 (전6권) 04980

값 22,000원

소학세가,
현풍 한훤당 김굉필 종가

경북의 종가문화 연구진

연구책임자	정우락(경북대 국문학과)
공동연구원	황위주(경북대 한문학과)
	조재모(경북대 건축학부)
종가선정위원장	황위주(경북대 한문학과)
종가선정위원	이수환(영남대 역사학과)
	홍원식(계명대 철학윤리학과)
	정명섭(경북대 건축학부)
	배영동(안동대 민속학과)
	이세동(경북대 중문학과)
종가연구팀	이상민(영남문화연구원 연구원)
	김위경(영남문화연구원 연구원)
	최은주(영남문화연구원 연구원)
	이재현(영남문화연구원 연구원)
	김대중(영남문화연구원 연구보조원)
	전설련(영남문화연구원 연구보조원)

축간사

경상북도에서 『경북의 종가문화』 시리즈 발간사업을 시작한 이래, 그간 많은 분들의 노고에 힘입어 어느새 40권의 책자가 발간되었습니다. 본 사업은 더 늦기 전에 지역의 종가문화를 기록으로 남겨 후세에 전해야 한다는 절박함에서 시작되었습니다. 비로소 그 성과물이 하나하나 결실로 맺어져 지역을 대표하는 문화자산으로 자리 잡아가고 있어 300만 도민의 한 사람으로서 무척 보람되게 생각합니다.

올해는 경상북도 신청사가 안동 · 예천 지역으로 새로운 보금자리를 마련하여 이전한 역사적인 해입니다. 경북이 새롭게 도약하는 중요한 시기에 전통문화를 통해 우리의 정체성을 되짚어 보고, 앞으로 나아갈 방향을 모색해 보는 것은 매우 의미 있는 일이라고 생각합니다. 그 전통문화의 중심에는 종가宗家가 있습니다. 우리 도에는 240여 개소에 달하는 종가가 고유의 문화를 온전히 지켜오고 있어 우리나라 종가문화의 보고寶庫라고 해도 과언이 아닙니다.

하지만 최근 산업화와 종손 · 종부의 고령화 등으로 인해 종가문화는 급격히 훼손 · 소멸되고 있는 실정입니다. 이에 경상북도에서는 종가문화를 보존 · 활용하고 발전적으로 계승하기 위해 2009년부터 '종가문화 명품화 사업'을 추진해 오고 있습니다. 그간 체계적인 학술조사 및 연구를 통해 관련 인프라를 구축하고, 명품 브랜드화 하는 등 향후 발전 가능성을 모색하기 위해 노력하고 있습니다.

경북대학교 영남문화연구원을 통해 2010년부터 추진하고 있는 『경북의 종가문화』 시리즈 발간도 이러한 사업의 일환입니다. 도내 종가를 대상으로 현재까지 『경북의 종가문화』 시리즈 40권을 발간하였으며, 발간 이후 관계문중은 물론 일반인들로부터 큰 호응을 얻고 있습니다. 이들 시리즈는 종가의 입지조건과 형성과정, 역사, 종가의 의례 및 생활문화, 건축문화, 종손과 종부의 일상과 가풍의 전승 등을 토대로 하여 일반인들이 쉽고 재미있게 읽을 수 있는 교양서 형태의 책자 및 영상물(DVD)로 제작되었습니다. 내용면에 있어서도 철저한 현장조사를 바탕으로 관련분야 전문가들이 각기 집필함으로써 종가별 특징을 부각시키고자 노력하였습니다.

이러한 노력으로, 금년에는 「안동 고성이씨 종가」, 「안동 정재 류치명 종가」, 「구미 구암 김취문 종가」, 「성주 완석정 이언영 종가」, 「예천 초간 권문해 종가」, 「현풍 한훤당 김굉필 종가」 등 6곳의 종가를 대상으로 시리즈 6권을 발간하게 되었습니다. 비록 시간과 예산상의 제약으로 말미암아 몇몇 종가에 한정하여 진행하고 있으나, 앞으로 도내 100개 종가를 목표로 연차 추진해 나갈 계획입니다. 종가관련 자료의 기록화를 통해 종가문화 보존 및 활용을 위한 기초자료를 제공함은 물론, 일반인들에게 우리 전통문화의 소중함과 우수성을 알리는 데 크게 도움이 될 것으로 확신합니다.

현 정부에서는 문화정책 기조로서 '문화융성' 을 표방하고 우리문화를 세계에 알리는 대표적 사례로서 종가문화에 주목하고 있으며, '창조경제' 의 핵심 아이콘으로서 전통문화의 가치가 새롭게 조명되고 있습니다. 그 바탕에는 수백 년 동안 종가문화를 올곧이 지켜온 종문宗門의 숨은 저력이 있었음을 깊이 되새기고, 이러한 정신이 경북의 혼으로 승화되어 세계적인 정신문화로 발전해 나가길 진심으로 바라는 바입니다.

앞으로 경상북도에서는 종가문화에 대한 지속적인 조사 · 연구 추진과 더불어, 종가의 보존관리 및 활용방안을 모색하는데 적극 노력해 나갈 것을 약속드립니다. 이를 통해 전통문화를 소중히 지켜 오신 종손 · 종부님들의 자긍심을 고취시키고, 나아가 종가문화를 한국의 대표적인 고품격 한류韓流 자원으로 정착시키기 위해 더욱 힘써 나갈 계획입니다.

끝으로 이 사업을 위해 애쓰신 정우락 경북대학교 영남문화연구원장님과 여러 연구원 여러분, 그리고 집필자 분들의 노고에 진심으로 감사드립니다. 아울러, 각별한 관심을 갖고 적극적으로 협조해 주신 종손 · 종부님께도 감사의 말씀을 드립니다.

2016년 3월 일

경상북도지사 김관용

지은이의 말

대학을 다닐 때 우리를 가르친 선생님들은 민족주의자였다. 우리나라 근대화는 민족적 결집이라는 역사적 과제를 풀어가는 길이라고 학생들을 가르쳤다. 그 민족적 결집을 저해하는 대표적인 현상으로 문중의식을 지적했다. 일제에 대한 항거라는 민족적 과제보다는 조상의 신주를 모시는 일에 더 큰 가치를 두는 의식을 신랄하게 비판했다. 그런 의식이 아직도 남아 국가적 차원의 일에 혈연적 가치판단을 개입시키기 일쑤라고 했다. 정치적 대변인을 뽑는 선거에서 후보자와의 혈연적 관계가 선택의 기준이 되는 어처구니없는 현상을 가장 비근한 보기로 들었다. 나는 지금도 그 선생님들의 가르침이 옳다고 생각한다. 전근대적인 문중의식이 근대적인 민족의식 혹은 국가의식보다 더 큰 힘을 가져서는 안 된다고 생각한다. 하지만 그렇다고 문중의식이 시대와 맞지 않기 때문에 흔적도 없이 사라져야 할 대상이라고 생각하지는 않는다.

며칠 전 연구실로 한 권의 책이 배달되었다. 어떤 문중에서 보낸 책이었다. 봉투를 뜯기도 전에 그 속에 있는 책이 어떤 내용일지 충분히 짐작할 수 있었다. 그 문중의 조상 가운데 누군가를 추숭하기 위한 내용의 책일 것은 뻔했다. 마침 봉투 속에 있던 책은 내가 평소에 관심을 두던 시기를 살았던 한 인물의 평전이었다. 그 인물은 그 시대의 중요한 인물이기는 하지만 그렇게 널리 알려진 인물은 아니다. 평전의 저자는 조선 시대의 사서史書에서 잘못 평가된 그 인물의 생애와 업적을 객관적인 시각에서 재평가해 본래의 모습을 회복시키고자 한다고 했다. 그 저자는 문중 사람은 아니었다. 문중의 지원을 받아 책을 집필했을 뿐이다. 나는 그 책을 뒤적거리면서 여러 가지 생각을 했다. 문중 사람들이 아니라면 누가 반천 년 훨씬 이전의 인물을 재평가하는 데 관심을 가지겠는가라는 생각도 그 가운데 하나였다.

영남문화연구원에서 경북의 종가문화 시리즈의 한 권으로 한훤당종가寒暄堂宗家에 대한 책을 기획하고 있는데 집필하지 않겠느냐는 제의를 했다. 종가문화 시리즈의 집필자들이 집필 대상에 애정을 가진 사람이면 좋겠는데, 마침 내가 한훤당 김굉필

金宏弼의 후손이니 적임자라고 했다. 한훤당종가는 현재의 행정 구역으로는 대구광역시에 위치하기 때문에 경북의 종가라는 범주에 들지 않지만 특별히 포함시켰다는 설명도 있었다. 고마운 마음으로 그 제의를 받아들였다. 다른 사람이 한훤당종가에 관한 책을 쓴다면 아주 실망스러워할 한 분이 떠올랐기 때문이다. 한훤당의 후손이라는 자긍심을 가지셨던 그 분은 이 책을 쓰는 도중에 세상을 떠나셨다.

사실 나는 한훤당이 '우리 할배' 이기 때문에 훌륭하다고 생각해 본 적은 한번도 없다. 한훤당을 주제로 한 학술 논문을 쓸 때도 문중의식을 개입시키지는 않았다고 자신한다. 아마 이 책에서도 한훤당이나 그 종가에 대한 개인적인 애정을 느낄 수는 없을 것이다. 내가 쓸 수 있는 글은 객관적 사실들에 관한 지극히 건조한 서술뿐이다. 연구원에서 요구했던 집필자의 자격에는 한참 미치지 못하는 셈이다. 그러나 그 건조한 서술 속에서 한훤당이 얼마나 중요한 역사적 인물인지 저절로 드러날 수 있기를 바랐다. 나는 우리나라의 유학사에서 한훤당에 비견할 수 있는 인물은 익재益齋 이제현李齊賢과 반계磻溪 유형원柳馨遠뿐이라고 생각한다. 물론 이들 세 사람보다 훨씬 뛰어난 업적을 남긴 유학자는 많다. 그러나 이들 세 사람은 유학의 흐름을 바꾼 인물들이다. 한 시대를 지배할 새로운 학문 · 사상의 출발을 알린 인물이라는 점에서 이들을 같은 범주에 포함시킬 수 있다.

한훤당이 평생 교육을 통해 가르치고자 했던 가치관은 그 시대에는 혁신적인 내용이었다. 과거에 합격하여 출세하기 위한 공부보다 인간이 되는 공부를 먼저 하라는 가르침은 당시로서는 특별한 것이었다. 그의 가르침을 따랐던 많은 인물들이 거듭되는 사화에 희생되었다. 그러나 그의 가르침은 새로운 시대를 여는 힘을 가졌기에, 마침내 선조 때에 이르러 사림정치가 성립되었다. 그의 가르침이 널리 퍼졌을 때 그는 문묘文廟에 배향되는 영광을 누릴 수 있었다. 그가 가르쳤던 새로운 가치관이 한 시대를 이끄는 시대정신으로 받아들여진 것이다. 그러나 그 시대정신도 영원할 수는 없었다.

조선 후기부터 시작된 사회변화 속에서 한훤당의 가르침은 서서히 잊혀져 갔다. 식민지 근대화를 거쳐 성장제일주의의 산업화 속에서 그의 가르침은 이제 먼 옛날의 이야기가 되었다. 그 먼 옛날의 이야기를 현재의 삶 속에서 끌어안고 살아야 하는 이가 종손이 아닐까? 한훤당을 지난 시대의 자랑스러운 조상으로 기억하는 것만으로도 충분한 보통의 문중 사람들과는 그 처지가 매우 다르다. 종손에게 '소학세가小學世家'의 의미는 한훤당의 가르침을 일상 속에서 실천해야 하는 의무를 가진 집이라는 뜻이 아닐까? 한훤당의 가르침을 훌륭한 전통문화의 한 부분으로 바라본다면 아무런 문제가 없을 것이다. 그러나 그 현재적 의미를 찾고자 할 때 어려움에 부닥치게 된다. 종손으로서의 삶이 감당

해야 하는 어려움도 그 때문이 아닐까?

나는 위대한 가르침은 시대의 변화 속에서도 그 가치를 잃지 않는다고 믿는다. 대학에서 학생들을 가르치면서 겪는 가장 현실적인 문제는 취업이다. 그러나 내가 가르치는 역사라는 과목은 학생들의 취업과 거의 관련이 없다. 이 점을 안타깝게 생각하면서도 또 한편에서는 한훤당의 교육을 생각하면서 위안을 얻기도 한다. 학생들에게 취업에 필요한 실무적 지식을 가르치는 일 못지않게 건전한 가치관을 가질 수 있도록 이끄는 일도 중요한 교육이 아닐까? 이런 마음으로 한훤당의 생애와 학문, 그리고 그에 대한 기억과 추숭追崇을 힘닿는 데까지 정리해보았다. 불천위 제사를 받들면서 한훤당이 현재의 인물로 살아갈 수 있도록 노력하는 종가에 감사의 마음을 전한다.

2015년 11월

김훈식

차례

小學世鄕

제1장 현풍과 서흥김씨

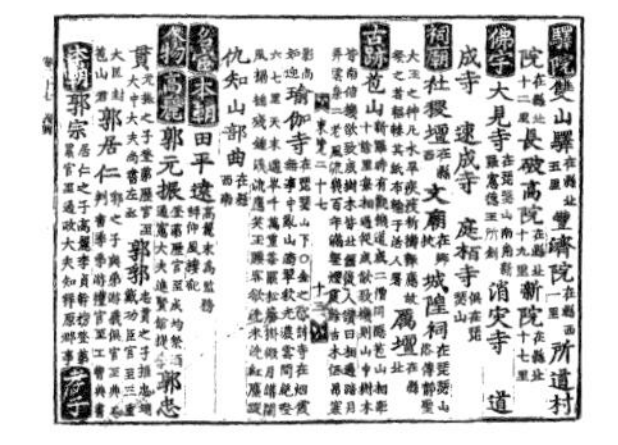

1. 현풍의 지리적 · 인문적 특징

지금의 현풍玄風은 대구광역시 달성군에 속해 있는 일개 면面에 불과하다. 그러나 조선시대에는 독립된 하나의 군현이었다. 현풍 지역이 독립된 지역 행정 단위로 등장한 것은 신라 때로 거슬러 올라간다. 처음 이름은 추량화현推良火縣인데 경덕왕 때 현요현玄驍縣으로 고쳤고, 고려 때 지금의 이름으로 고쳤다. 공양왕 2년 이전까지는 창녕이나 밀양의 속현屬縣으로 지방관이 파견되지 않았다가 이때 비로소 감무監務를 두어 지방관을 파견하였다. 세종 때 호수는 477호, 인구 1,871명이라 하였으니 규모가 큰 군현은 아니었다. 조선시대에 이 고을에 부임한 수령은 종6품의 현감縣監이었다. 고을의 규모가 크지 않으니 수령 가운데 품계가 가

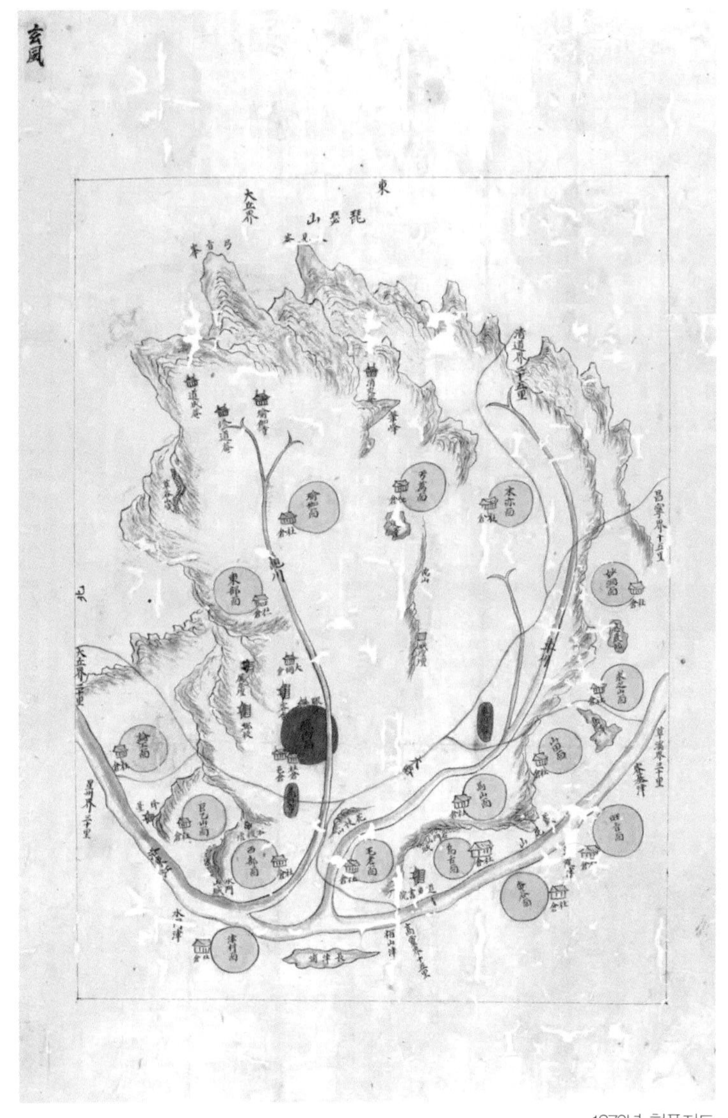

1872년 현풍지도

장 낮은 직책이 두어졌다.

현풍은 낙동강 중류의 동쪽에 위치한 고을로 수상 교통은 물론이고 육로 교통도 편리했던 지역이다. 고을 동쪽에는 고을의 진산鎭山인 비슬산琵瑟山이 있다. 이 산은 포산苞山이라고도 하는데, 현풍의 별명으로 사용되기도 한다. 주위의 고을로는 북쪽으로 대구와 성주, 남쪽으로 창녕과 밀양, 서쪽으로 고령과 합천, 동쪽으로 청도 등이 있다.

최근에 조선시대 유교문화권 설정과 관련해서 낙중학洛中學 혹은 강안학江岸學이라는 개념이 제시되고 있다. 종래에는 안동 지역을 중심으로 하는 강좌江左학파와 진주 지역을 중심으로 하는 강우江右학파를 중심으로 영남 지역의 유교문화권을 설명했다. 이러한 설명으로는 낙동강 중류 지역의 유교문화의 독자성을 설명하기가 어려웠다. 이에 낙중학 혹은 강안학이라는 새로운 개념이 제시되어 성주 지역을 중심으로 한 독자적인 유교문화권을 설정하기 시작했다. 현풍을 비롯해서 인접한 고을들이 모두 이 성주권星州圈에 속하는 지역이다. 특히 현풍에 있는 도동서원道東書院은 이 지역 사림들의 가장 중요한 구심점 가운데 하나였다.

조선 초기 이 지역의 유력 성씨는 모두 여덟이었다. 고려시대부터 계속 거주해왔던 토성土姓이 넷으로, 문文·임林·곽郭·윤尹씨가 그들이다. 또한 밀양에서 온 박朴씨와 창녕에서 온 하河

씨, 안정에서 온 김金씨 등의 내성來姓·속성續姓이 있었고, 구지산仇知山 부곡部曲의 성인 변卞씨가 있었다. 이 가운데서 가장 큰 영향력을 가졌던 성씨는 곽씨였다.

곽씨들이 언제부터 현풍에 거주했는지는 확실하지 않지만 고려 말에는 현풍의 가장 중요한 세력이 되어 있었다. 조선 시대의 기록으로 미루어 보건대, 고려 시대부터 현풍에 거주하는 성씨 가운데 곽씨의 비중이 가장 컸고, 그들의 사회적 위세 또한 가장 높았다. 『신증동국여지승람新增東國輿地勝覽』의 인물조에는 고려 후기에서 조선 초에 걸쳐 현풍이 배출한 7명의 인물을 싣고

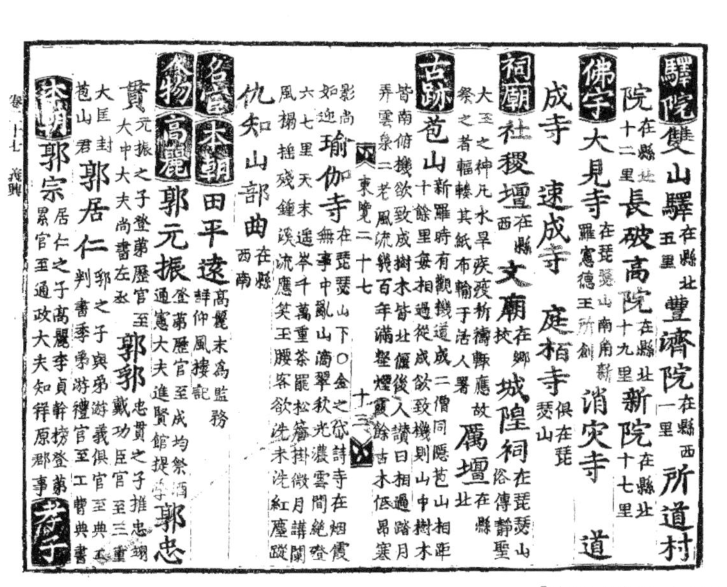
驛院 雙山驛 在縣北五里 豐濟院 在縣西一里 所道村
院 在縣北十二里 長破高院 在縣北十九里 新院 在縣北十七里
佛宇 大見寺 在琵瑟山南角新羅憲德王所創 消災寺 道
成寺 速成寺 庭栢寺 俱在琵瑟山
祠廟 社稷壇 在縣西 文廟 在鄉校 城隍祠 在琵瑟山俗傳靜聖
大王之神凡水旱疾疫祈禱輒應故祭之者輻輳其紙布輸于活人署 厲壇 在縣北
古跡 苞山 新羅時有觀機道成二僧同隱苞山相距十餘里每相過從成欲致機則山中樹木
皆南俯機欲致成樹木皆北偃後人讀曰相過踏月弄雲泉二老風流幾百年滿壑煙霞餘古木低昂寒影尚如迎
東覽二十七 十三
瑜伽寺 在琵瑟山下□金之岱詩寺在烟霞無事中亂山滴翠秋光濃雲間絶磴六七里天末遙岑千萬重茶罷松簷掛微月講闌風榻搖殘鐘溪流應笑玉腰客欲洗未洗紅塵蹤
仇知山部曲 在縣西南
名宦 本朝 田平遠 高麗末爲監務詩仰風樓記
人物 高麗 郭元振 登第歷官至成均祭酒通憲大夫進賢館提學 郭忠
貫 元振之子登第歷官至大中大夫尚書左丞 郭鄩 忠貫之子推忠翊戴功臣官至三重
大匡封苞山君 郭居仁 鄩之子與弟遊義俱官至典判書季弟游禮官至工曹典書
本朝 郭宗 居仁之子高麗李貞幹榜登第累官至通政大夫知[illegible]原郡事 孝子
卷二十七 玄風

『신증동국여지승람』 현풍

있다. 중앙 정계에 진출하여 뚜렷한 벼슬을 한 인물들인데, 모두 곽씨이다.

서흥瑞興김씨가 처음 현풍에 거주하기 시작한 것은 한훤당寒暄堂 김굉필金宏弼의 증조부인 중곤中坤 때부터이다. 그가 현풍곽씨 공조전서工曹典書 주珠의 딸에게 장가들어 처가에 거주하면서, 서흥김씨는 현풍과 인연을 맺기 시작했다. 중곤이 현풍에 내려온 시기는 정확하게 알 수 없다. 그가 태조부터 세종까지 4대에 걸쳐 벼슬을 했다고 하니 아마 새 왕조의 개창을 전후한 시기였을 것으로 보인다. 그 이후 중곤의 후손들이 한양과 현풍 두 곳에 거주지를 두고 생활하면서 현풍에 서흥김씨들이 살기 시작했다.

현재 현풍은 급격하게 변하고 있다. 최근에 우리나라에서 가장 지형이 많이 바뀐 곳을 들라면 세종시를 제외하고는 현풍을 들어야 하지 않을까 싶을 정도이다. 대구국가산업단지가 구지면에 들어서면서 상전벽해桑田碧海라는 성어成語를 절로 떠올리게 될 정도로 바뀌었다. 지금은 구지면과 현풍면이 행정구역상 분리되어 있지만 예전에는 모두 현풍 고을에 속했던 지역이다. 서흥김씨의 종가나 도동서원은 모두 산업단지 조성이 활발하게 이루어지는 곳에 인접해 있다. 수많은 공장 건물 속에 외로운 섬처럼 떠있는 종가와 서원은 어떤 의미가 있을까?

2. 서흥김씨의 계파

서흥김씨의 관향인 서흥군瑞興郡은 황해도 북쪽에 있는 고을로, 본래 고구려의 오곡군五谷郡이었다. 이후 몇 차례 고을 이름이 바뀌다가 서흥이라는 이름을 갖게 된 것은 고려 원종 때였다. 이때는 서흥현이었고, 태종 15년에 서흥군으로 승격되었다. 세종 6년에 명나라 조정에 들어간 환자宦者 윤봉尹鳳의 고향이라는 이유로 승격하여 도호부가 되었다. 토성이 여섯인데 그 가운데 김씨도 포함되어 있다.

13세기 말 고려 충렬왕 때 김천록金天祿이라는 인물이 서흥군瑞興君에 봉해지면서 서흥을 관향으로 하는 김씨가 생겼다. 김천록은 고려 원종과 충렬왕 양조의 무장으로, 당시 도원수 김방

경金方慶의 휘하에서 무공을 세웠다. 김천록의 후예들은 천록의 조부인 보寶를 시조로 하여 새로운 서흥김씨의 계보를 만들었다. 시조로부터 6세 선보善保까지는 하나의 계보였다가, 선보의 세 아들인 중건中乾, 중곤中坤, 중인中寅 대에 와서 3개의 파로 나누어졌다. 각각 경기파京畿派, 영남파嶺南派, 초계파草溪派로 불린다.

고려 말과 조선 초에 김천록의 후손들은 개성과 한양에 세거하는 재경관료在京官僚들이었다. 천록의 아들 세구世九는 처음으로 동반東班으로 출사하여 판도판서版圖判書를 지냈다. 조선 시대의 호조판서에 해당하는 직책이다. 세구의 아들 봉환鳳還은 문과에 급제하여 공민왕 때 정3품 판군기감사判軍器監事를 거쳐 성균관대사성成均館大司成을 지냈다. 1361년(공민왕 11) 홍건적의 침입으로 공민왕이 복주福州로 피신했을 당시에는 복주자사福州刺史였다. 봉환은 부민들과 함께 성을 굳게 지켜 왕을 호위하였다. 이 사건을 계기로 복주를 안동安東이라 개칭하게 되었고, 격을 높여 대도호부大都護府를 설치하게 되었다. 봉환의 아들 선보 역시 벼슬길에 나아가 정3품의 판서운관사判書雲觀事를 지냈다. 부인은 여흥민씨麗興閔氏로 정4품 화평부사化平府使[화평은 지금의 광주光州] 자명子明의 딸이었다. 슬하에 3남을 두었다.

선보의 세 아들 역시 모두 새 왕조에서 벼슬하면서 한양에 거주하고 있었다. 이들 가운데 가장 먼저 지방에 새로운 주거지를 마련한 이는 둘째 아들인 중곤이었다. 그는 현풍에 살던 곽씨

부인과 결혼하면서 현풍에 새로운 주거지를 가지게 되었다. 정3품 예조참의까지 벼슬을 하고 현풍에 낙향한 것으로 보인다. 그의 후손들이 이후에도 현풍에 세거하고, 또 주위 여러 지역으로 거주지를 넓혀가면서 이들을 영남파라고 불렀다. 선보의 첫째 아들인 중건은 예조판서를 지냈고, 그의 후손들은 원래의 세거지인 한양에 거주하였다. 대략 성종 연간에 이들이 경기도 안성에 세거하기 시작하면서 이들을 경기파라고 부르게 되었다. 셋째 아들인 중인의 후손들을 초계파라 부르는데, 이들이 언제부터 경남 초계에 세거하게 되었는지는 확실하지 않다. 중인은 중형인 중곤을 따라 현풍에 살았다는 기록이 있다. 중인의 고손인 백영伯英이 연산군대의 사화를 피해 현풍을 떠났을 것으로 추측을 하고 있다. 처음에는 합천 야로로 이거하였다가 그의 후손들이 다시 초계로 옮겨 살면서 초계파로 불리게 되었다고 한다.

중곤의 손자 대에 와서 영남파는 다시 영남파, 호남파湖南派, 해남파海南派로 분파되었다. 그리고 그들의 손자 대에 영남파는 또 장파長派, 중파仲派, 계파季派로 분파되었다. 이 두 차례 분파의 중심에 있던 인물이 바로 김굉필이었다. 그의 생애에 대한 자세한 설명은 다음 장으로 미루고 여기서는 서흥김씨의 분파와 관련된 내용만 소개한다. 중곤의 아들은 소형小亨인데, 그는 세 아들을 두었다. 맏이가 뉴紐이고 그 다음이 총總과 진縉이었다. 뉴의 외아들이 김굉필이다. 호남파와 해남파의 성립은 김굉필의 순천

유배와 관련이 있다.

종과 진은 김굉필의 숙부였지만 나이는 조카보다 적었다. 김굉필이 순천에 유배되자 조카의 귀양살이를 돕기 위하여 두 숙부가 호남으로 왔다. 예문관 직제학을 지낸 연촌烟村 최덕지崔德之가 적소謫所를 방문했을 때, 김굉필은 어린 삼촌의 학문을 그에게 부탁하였다. 최덕지는 종의 총명함과 품성을 보고 사위로 삼았다. 최덕지의 세거지가 영암군 덕진면 영보리였고, 종은 그곳에 머물러 살게 되었다. 이후 그의 후손들이 나주, 진안, 광주 등으로 이거하면서 호남파를 형성하였다. 해남파의 파조는 종의 동생인 진이다. 중형인 종과 함께 영암에 정착했다고 한다. 진의 후예들이 영암에서 언제 해남으로 이거했는지는 정확히 알 수 없다. 묘소 위치 등으로 보아 100여 년 이후로 보인다. 이들이 해남으로 이거하면서 해남파라는 이름을 얻게 되었다.

김굉필 사후 영남파는 그의 세 아들인 언숙彦塾, 언상彦庠, 언학彦學을 각각 파조로 하는 세 계파로 나뉘었다. 그 세 계파는 장유長幼의 순서에 따라 장파, 중파, 계파로 불린다. 갑자사화 때 맏이인 언숙과 둘째인 언상은 부친에게 연좌되어 모두 유배에 처해졌다. 중종반정으로 귀향한 후 언숙은 현풍의 본가에, 언상은 창녕의 처가에 거주하였다. 현풍을 세거지로 하는 언숙의 후손들을 장파라 하였다. 언상의 후손들은 창녕을 세거지로 삼았고, 중파로 불렸다. 막내인 언학은 당시 나이가 어렸기 때문에 귀양은

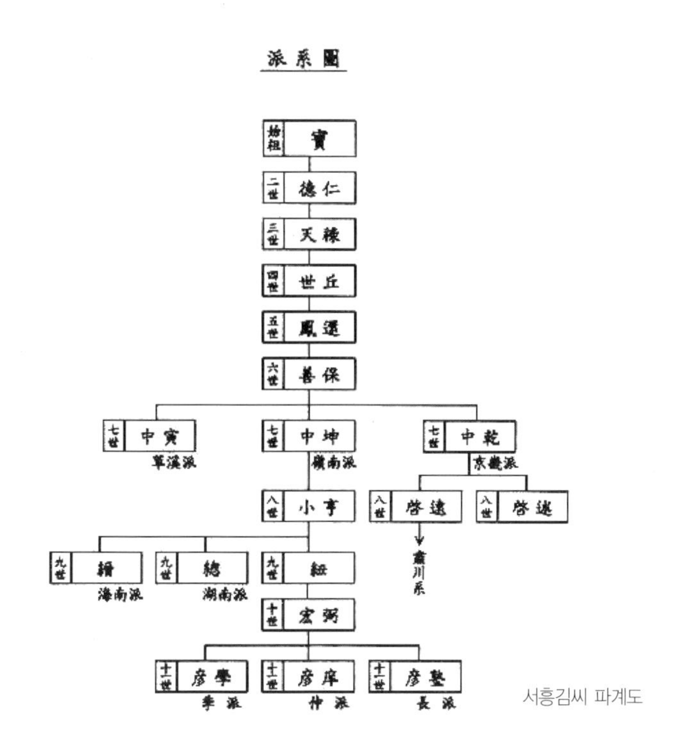

서흥김씨 파계도

면하여 모부인과 함께 현풍의 본가에 남았다. 큰형이 돌아온 후 함께 살다 만년에 달성군 유가면 용동으로 이거하였다. 그 후 이곳이 계파의 세거지가 되었다.

이처럼 서흥김씨의 파계는 모두 7개이다. 먼저 경기파, 영남파, 초계파의 분파가 있었고, 그 이후 영남파에서 호남파와 해남파가 갈라져 모두 5개의 파계가 되었다. 그 가운데 영남파는 또 장파, 중파, 계파로 나뉘면서 모두 7개의 계파를 구성하게 되었다. 보통 수십에 달하는 계파를 가진 다른 성씨들에 비하면 매우 단순한 편이다. 이들 계파 가운데 경기파의 종가가 서흥김씨의 대종가인 셈이다. 한훤당 김굉필의 종가는 영남 장파의 종가를 가리킨다.

이들 7개의 계파를 망라하는 서흥김씨의 족보가 처음 간행된 것은 1731년(영조 7)이었다. 이때 간행된 족보를 신해보辛亥譜라 한다. 그 후 1786, 1852, 1870, 1876, 1925, 1984년에 족보를 간행하였다. 현재 이들 족보가 모두 남아 있다. 이 족보들을 제대로 검토한다면 조선후기 사회사 연구의 훌륭한 자료로 활용할 수도 있을 것이다.

3. 김굉필의 후예들

김굉필 사후 60여 년이 지난 후 그에 관한 기록을 모은 『경현록景賢錄』이라는 책이 편찬되었다. 이 책의 편찬과 간행에 관해서는 장을 달리해서 자세하게 설명할 것이다. 여기서는 그 책의 가장 앞에 기술된 「세계世系」 부분만 간단하게 언급하고자 한다. 「세계」는 세 부분으로 나누어져 있다. 첫 부분은 김굉필의 직계 조상 9명에 관한 기록이다. 9세조인 보부터 부친인 뉴까지의 한 계보를 기록하고 있다. 고조인 선보부터는 그 부인의 성씨와 장인의 이름도 함께 적혀 있다.

두 번째 부분은 김굉필의 후손들에 관한 기록이다. 김굉필은 아들 넷과 딸 다섯을 두었다. 셋째 아들인 언서彦序는 어릴 때

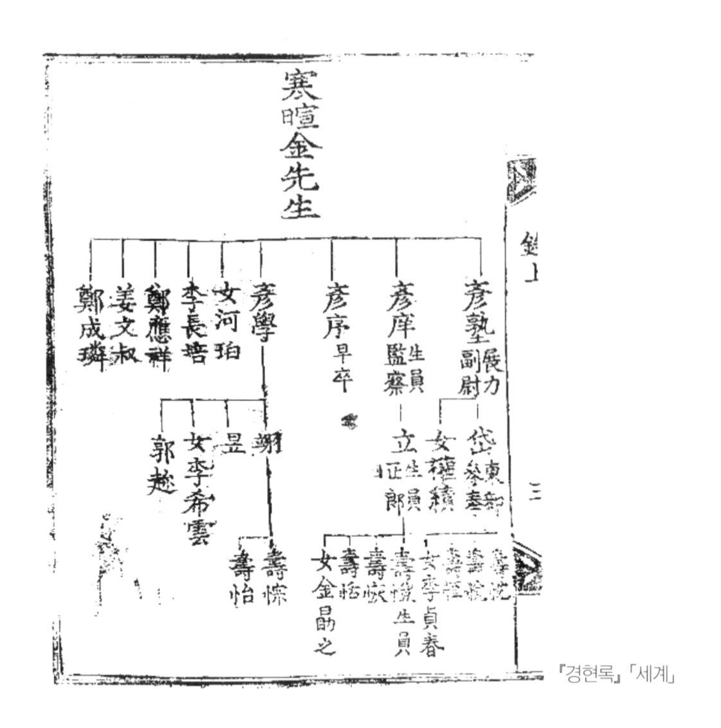

『경현록』「세계」

사망했기에 세 아들만 후손을 남겼다. 『경현록』에는 김굉필의 손자 네 명과 손서孫壻 세 명이 적혀 있다. 그리고 그 가운데 세 명의 손자에게서 난 증손자 여덟 명과 증손서 두 명의 이름이 적혀 있다. 김굉필의 딸 다섯은 사위 다섯 명의 이름을 적었다. 하박河珀, 이장배李長培, 정응상鄭應祥, 강문숙姜文叔, 정성린鄭成璘이 그들이다.

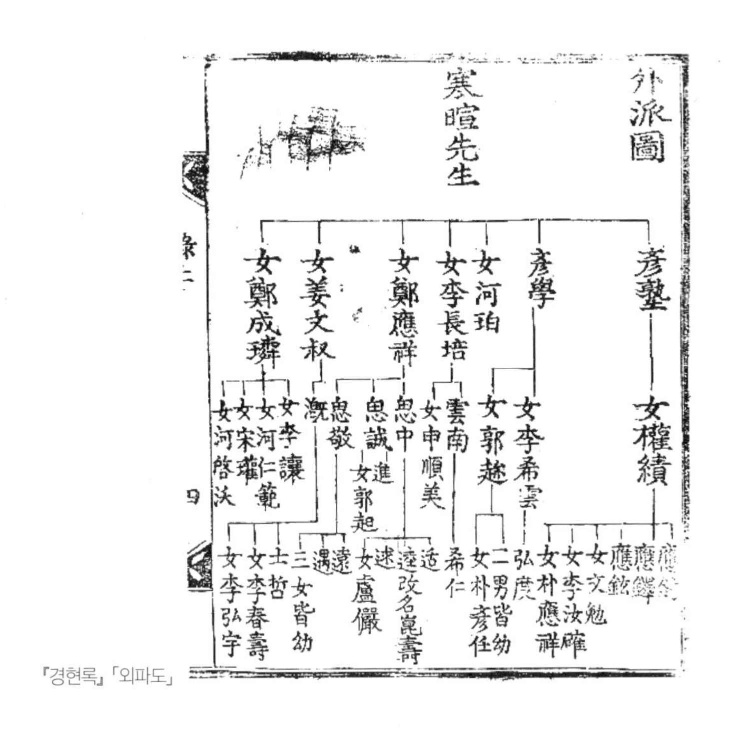

『경현록』「외파도」

세 번째 부분은 '외파도外派圖'라는 제목이 붙어 있다. 사위 다섯의 자녀, 그리고 그 외손들의 자녀까지 기록한 내용이다. 이와 함께 세 명의 손서들의 자녀도 기록하였다. 이처럼 '외파도'에는 김굉필의 사위의 아들과 손자는 물론이고 사위의 사위, 외손의 사위까지 이름을 올리고 있다. 또 손서의 아들과 사위도 그 이름을 올리고 있다. 그 결과 「세계」에는 김굉필의 증손 대까지 포함되는 다양한 성씨의 인물들이 기록되었다.

김굉필의 다섯 사위 가운데 비교적 널리 알려진 인물은 이장배와 정응상 두 사람이다. 김굉필과 함께 점필재 김종직에게 학문을 배운 인물 가운데 성주 사람 이승언李承彦이 있었다. 이승언의 아들이 셋인데, 첫째 장길長吉과 둘째 장곤長坤은 모두 김굉필에게 학문을 배웠고, 셋째 장배는 김굉필의 사위가 되었다. 정응상 역시 성주 사람인데, 김굉필이 한양에 있을 때 이웃에 있으면서 김굉필의 문인이 되었다. 정응상의 손자가 셋인데, 그 가운데 한 명이 한강寒岡 정구鄭逑이다. 정구의 할머니가 김굉필의 딸이니, 정구는 김굉필의 외증손이 된다. 이황이 『경현록』에 '외파도'를 포함시키면서 그의 외손 가운데 학문에 뜻을 두고 선을 좋아하는 선비[志學好善之士]가 있으니 기록하지 않을 수 없다고 했다. 이황이 염두에 둔 그 선비가 바로 정구이다.

김굉필 사후 100년이 조금 지난 인조 연간에 여헌旅軒 장현광張顯光이 신도비명을 찬술했다. 그 속에 다음과 같은 내용이 있다.

> 5대손 전前 찰방察訪 대진大振이 현재 종손이다. 지금 내외손이 6, 7대에 이른 자가 있어서 남녀노유가 240여 명이나 되니, 어찌 덕을 쌓은 집에 남은 경사가 멀리 뻗쳐서 나타나는 복이 아니겠는가.

하나의 뿌리에서 수많은 가지가 뻗어나가 무성한 나무를 이루듯이 김굉필의 후예들이 번성하는 모습을 전하고 있다. 그 내외손 가운데 서흥김씨들이 영남과 문중을 이루게 되었고, 그 문중을 대표하는 집이 종가이며, 대표하는 사람이 바로 종손이다.

鄕世學小

제2장 '소학동자', 한훤당 김굉필

1. 김굉필의 『소학』 공부

김굉필을 일컬어 흔히 '소학동자小學童子' 라 한다. 사람들이 나라 일을 물으면 "『소학』을 읽는 어린 아이(소학동자)가 어찌 대의大義를 알겠느냐." 라고 했다는 기록에서 유래한다. 또 나이 서른이 된 이후에야 『소학』 이외의 글을 읽었다고도 한다. 물론 김굉필은 서른이 될 때까지 『소학』만 읽지는 않았다. 김굉필의 학문 · 사상에서 『소학』이 그만큼 중요했다는 이야기일 뿐이다. 이외에도 김굉필과 『소학』의 관계를 전해주는 이야기들은 아주 많다. '소학동자' 는 그러한 이야기들을 모두 아우르는 표현이라 볼 수 있다.

김굉필은 1454년(단종 2) 한양의 정릉동(현재 서울특별시 중구 정동)에서 태어났다. 어릴 때의 일은 거의 알려진 바가 없다. 기가 드센 아이였음을 짐작할 수 있는 일화가 하나 전해질 뿐이다. 정구가 작성한 「연보」에 다음과 같이 전한다.

> 선생이 6, 7세 때에 용맹하고 활달하였으며[豪邁跌宕] 기상이 뛰어났다[英氣發越]. 시가에 다니며 장난칠 적에는 뭇 아이들이 두려워하여 피하였다. 무례하거나 거만한 자를 보면 문득 채찍으로 그들이 파는 고기나 두부 등을 갈기니 사람들이 두려워하여 선생이 온다는 말을 들으면 각기 그 물건을 감추었다. 사람들은 자못 기이하게 여겼다[人頗異之].

어찌 보면 어릴 때 김굉필은 철없는 양반집 어린이처럼 보이기도 한다. 그러나 「연보」에서 강조하고 싶었던 내용은 그가 어릴 때부터 보통 사람들과는 다른 기상을 보여주었다는 점이 아닐까 싶다.

19세 되던 1472년(성종 3)에 합천군 야로현 말곡 남교동에 사는 순천박씨에게 장가를 들었다. 처가에 살면서 살림집 근처에 조그마한 서재를 짓고 한훤당寒暄堂이라는 이름을 붙였다. 후대 사람들이 이 당호를 김굉필의 호로 삼았다. '한훤' 이란 추위와 더위라는 뜻으로, 계절에 따라 기후가 바뀌는 자연의 순리를 나타내는 말이다. 따라서 한훤당이라는 당호는 자연의 순리에 따르는 삶을 지향한다는 뜻으로 해석해도 좋을 듯하다.

김굉필은 한때 사옹蓑翁이라는 호를 사용한 적도 있었다. '사옹' 은 도롱이를 입은 사람이라는 뜻이다. 도롱이는 띠나 짚으로 만든 비옷인데, 사옹은 도롱이를 입었으니 비가 오더라도 비에 젖지 않는 사람이라는 의미이다. 혼탁한 세상과 달리 고결한 삶을 살겠다는 의지를 보여주는 호라 할 수 있다. 그러나 세상과 맞서는 자신을 직설적으로 드러낸다고 생각하여 이 호를 사용하지 않았다고 한다. 사옹이라는 호는 혹 당나라 시인인 유종원柳宗元의 「강설江雪」 가운데 "외로운 배 위에 삿갓 쓴 늙은이, 눈 내리는 강에서 홀로 낚시질 하네[孤舟蓑笠翁 獨釣寒江雪]."라는 구절과 관련이 있는지도 모르겠다.

합천에 살 때 그는 가야산을 왕래하며 글을 읽었는데, 특히 내원사라는 절에 자주 들렀다. 선비들이 과거를 준비하기 위해 절에서 공부하던 일은 당시의 일반적인 풍습이었다. 김굉필 역시 내원사 등에서 과거 공부에 힘을 쏟았다. 이즈음 그는 성주에 사는 지지당止止堂 김맹성金孟性이라는 스승을 만났다. 박씨 부인의 본가가 성주 가천伽泉(현재 성주군 가천면)에 있었으므로, 장인이 이곳에 거처할 때 장인을 뵈러 자주 들렀다. 그 이웃에 김맹성이 살고 있어 배움을 청할 수 있었다. 김맹성과 김굉필의 관계는 당시의 일반적인 스승과 제자의 모습과 다를 바가 없었다. 김굉필은 김맹성에게 경전과 시를 배우면서 글 솜씨를 닦아 과거를 준비하였다. 김굉필의 나이 25세인 1478년(성종 9)에 「복정지지당伏呈止止堂」이라는 시를 지었다. 「삼가 지지당에게 드림」으로 번역할 수 있겠다.

산비탈 마을에 한 해가 저무는데, 斜界山村歲月深
스산한 이내 마음 아는 이 없네. 蕭條索莫少知音
이웃을 옮겨 고양 땅에 가서, 徙隣欲向高陽地
시 구절 잘못된 곳 고침 받자네. 詩病時時得細鍼

정언正言 벼슬에 있던 김맹성은 이해에 현석규와 임사홍의 대립 사건에 연루되어 고령高靈으로 유배되었다. 위의 시에 나오는 고양 땅이 혹 고령을 가리키는 건 아닌지 모르겠다. 김굉필은 그곳에 있는 스승을 찾아가 시에 대한 가르침을 받고자 했다. 김굉필이 김맹성에게 올린 시는 이외에도 몇 수 더 있다. 그 시는 모두 김굉필이 김맹성을 스승으로 극진히 모시고 있었음을 보여준다.

이때 김굉필에게는 김맹성 외에 또 다른 선생이 한 분 더 있었다. 1474년(성종 5) 봄, 스물한 살의 김굉필이 함양咸陽으로 점필재佔畢齋 김종직金宗直을 찾아갔다. 김종직은 이미 학문과 문장으로 이름을 떨치던 큰 학자였다. 함양군수로 부임해서 행정 업무를 보는 여가에 고을의 젊은 선비들을 가르치는 일에도 힘을 쏟았다. 그 소문을 듣고 인근 고을에 있는 많은 선비들이 그에게 배우기 위해 함양을 찾았다. 김굉필도 그들 가운데 한 사람이었다. 김종직의 연보에는 이 해에 두 사람이 만난 일을 아주 자세하게 기록해 놓았다.

> 한훤이 학업을 청하니, 선생이 『소학』을 가르쳐 주면서 이르기를, "진실로 학문에 뜻을 둔다면 마땅히 이 책으로부터 시작해야 한다. 광풍제월光風霽月도 또한 여기에서 벗어나지 않는다." 라고 하고, 인하여 답시答詩를 지었는데, 그 시에는 "그대의 시어를 보매 옥이 연기를 뿜는 듯하니, 진번의 걸상을 이제부터 걸어둘 것 없겠네. 은반을 가지고서 힐굴에 몰두하지 말고, 모름지기 마음 하나 맑게 할 줄을 알아야지[看君詩語玉生煙, 陳榻從今不要懸. 莫把殷盤窮詰屈, 須知方寸湛天淵]."라고 하였다. 한훤은 선생의 말씀을 정성껏 지켜 손에서 이 책을 놓지 않았다.

김굉필은 김종직을 만나 배움을 청하면서 시를 지어 올렸던 모양이다. 이때 김굉필은 이미 상당한 학문적 소양과 글 솜씨를 갖추고 있었다. 김종직은 김굉필의 시를 한껏 칭찬하고는 이 뛰어난 학생을 새로운 학문의 세계로 이끌었다. 종래의 글공부와는 다른 공부, 즉 마음공부를 가르쳤다. 마음속에 있는 도덕적 본성을 깨쳐가는 공부를 강조하면서 『소학』공부를 권했다.

당시 『소학』은 어린 학생들이 읽는 책이었다. 김굉필 역시 어릴 때 틀림없이 이 책을 읽었을 것이다. 그러나 김종직에게 배운 『소학』 공부는 그 의미가 전혀 달랐다. 김굉필은 그 의미를 「독소학讀小學」이라는 시로 표현하였다.

이제껏 글공부를 하여도 천기를 깨닫지 못했으나,
『소학』에서 어제의 잘못을 깨달았네.
이로부터 정성껏 자식 도리 다할 뿐,
어찌 구구하게 호사스런 삶을 부러워하랴.
業文猶未諳天機　小學書中悟昨非
從此盡心供子職　區區何用羨輕肥

김굉필은 기왕의 공부를 글공부[業文]라 하였다. 이제까지의 글공부로는 천기를 깨닫지 못했으나 새롭게 『소학』을 공부하면서 천기를 깨달았다고 했다. 여기서 천기는 천리天理의 다른 표현으로 보아도 좋겠다. 인간이 따라야 하는 자연스러운 도리, 혹은 실천해야 하는 마땅한 도리를 가리킨다. 글공부해서 과거에 합격하고, 높은 관직에 올라 호사스러운 삶을 누리는 일은 이제 부러움의 대상이 아니었다. 올바른 인간이 되기 위해 노력하는 '위기지학爲己之學'과 과거 급제를 위해 노력하는 '위인지학爲人之學'의 차이를 깨달았다. 자신의 인격을 닦는 공부이기 때문에 자신

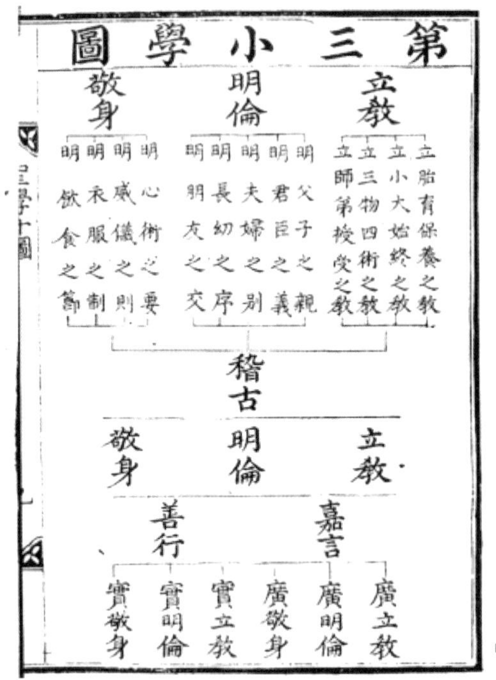

『성학십도』「소학도」

을 위한 공부 즉 '위기지학' 이라 했고, 다른 사람의 평가를 염두에 둔 공부이기 때문에 남에게 보이기 위한 공부 즉 '위인지학' 이라고 했다. 흔히 전자를 도학道學이라 하고, 후자를 거업擧業이라 한다. 김종직을 통해 깨우친 『소학』 공부는 '위기지학' , 즉 도학의 출발이었다. 『소학』은 지식보다 덕성을 강조한다. 착한 사람이 되기 위해서는 말을 조심하고 행동거지를 단정히 해야 한다고 했다. 김굉필은 그러한 가르침을 몸소 실천하기 위해 노력했다. 그 결과 그는 "말과 행동이 모두 법도가 되었다"라는 평가를 받을 정도가 되었다.

『소학』이 가르치는 착한 사람의 기본은 효자였다. 유교적인 윤리도덕 가운데 가장 기본이면서 또 가장 중요한 것이 효도이기 때문이다. 『소학』의 가르침을 따른 김굉필의 효행에 대해서는 다음과 같은 기록이 있다.

> 평상시에 첫닭이 울면 반드시 머리를 빗고 옷과 허리띠를 단정히 하였다. 먼저 가묘에 절하고 다음에 어버이께 문안을 드렸다. 저녁이 되면 어버이의 잠자리를 보아 드리기를 예법대로 하였다. 아버지께서 돌아가시자 죽만 먹고 슬피 울어 기절하였다가 깨어날 정도였다. 3년 동안 무덤 옆에 여막廬幕을 짓고 살았고, 상례喪禮는 모두 『가례家禮』에 따랐다. 그 후 새벽마다 어머니에게 문안하며 마루 아래에서 절하는데, 혹 어떤 일로 어머니께서 조금이라도 언짢아하시면 감히 물러가지 못하고 더욱 공경하며 효도를 다하여 기뻐하는 기색을 보이시면 그제야 물러갔다.

그는 부모가 살아계실 때는 정성을 다해 모셨고, 돌아가시자 지극히 슬퍼하며 상례와 제례를 예법에 맞게 치렀다.

『소학』은 또 집안을 잘 다스려야 한다고 가르쳤고, 김굉필은 이 가르침을 실천하기 위해 노력하였다. 그는 중국의 사대부 집안에는 모두 가훈家訓이 있는데 우리나라는 그렇지 못해 처자와 노비를 다스리는 데 부족함이 있다고 생각했다. 이에 스스로 「가범家範」을 지어 자손을 가르쳤다. 이는 유교 경전에 보이는 행동 규범을 골라 싣고, 그것을 실천할 것을 강조하는 내용이었다. 또 「가범」에는 노비들을 다스리는 방법도 자세하게 적어 놓았다. 당시 노비는 사대부의 집안을 유지하기 위해 절대적으로 필요한 노동력이었고, 따라서 그들을 부리는 데 그만큼 큰 관심을 쏟을 수밖에 없었다.

김굉필은 김종직이 선산부사로 자리를 옮긴 이후에도 여전히 찾아가 배움을 구했다. 김굉필이 김종직 문하에서 얻은 것은 '위기지학'의 가르침뿐만이 아니었다. 김종직 문하에 드나들던 많은 벗들을 사귄 것 역시 그 못지않게 중요한 사실이었다. 흔히 영남사림파라고 불리는 한 무리의 뛰어난 인물들은 대부분 김종직 문하에 드나들던 선비들이었다. 김굉필은 함양과 선산에서 이들과 사귀면서 새로운 인간관계를 만들어갔다. 그때까지의 인간관계는 혈연이나 지연에 의한 관계 이외에는 과거에 함께 급제한 동년同年, 관료 생활을 함께 한 동료 등이 전부였다. 그러나 김종직 문하에 드나들던 선비들은 뜻이 같고 도를 함께하는(귀동도합志同道合) 새로운 유형의 인간관계를 만들어 갔다. 훗날 연산군 4년의 무오사화戊午士禍 때 김굉필을 비롯한 이들 벗들은 "모두

종직의 문도門徒로서 붕당朋黨을 맺어 서로 칭찬하였으며, 혹은 국정을 기의譏議하고 시사時事를 비방했다."는 죄목으로 처형되었다. 이들의 죄목으로 거론된 '붕당'이 바로 '지동도합'하는 새로운 인간관계였다.

김굉필의 많은 벗들 가운데 특히 일두一蠹 정여창鄭汝昌이 가장 많이 거론된다. 정여창의 본가가 함양이어서 김종직이 함양군수로 있을 때 그 문하에 나아간 적이 있다. 아마 이때 두 사람이 처음 만났을 것으로 보인다. 이후 두 사람은 "서로 만날 때마다 도의를 연마하고 고금의 일을 토론하여 때로는 밤을 새우기까지 하였다."라고 한다. 정여창이 조정에 있을 때는 공무를 마치면 반드시 말을 보내서 김굉필을 청하여 집에 오게 하거나 자신이 찾아 갔다. 정여창이 안음현(현재 함양군 안의면)의 수령을 지낼 때, 마침 김굉필이 합천군 야로에 있었다. 두 사람은 그 가운데쯤 위치한 가조현(현재 거창군 가조면)의 수포대水瀑臺 부근에서 만나서 거닐며 이야기하거나 조용히 강론하였다고 한다.

후세의 학자들은 이 두 사람의 사귐을 주희朱熹와 장식張栻의 사귐과 같다고 하였다. 주희와 장식의 사귐은 중국에서 가장 바람직한 선비의 교제로 추숭되었다. 인간이 실천해야 할 다섯 가지 근본적인 윤리 가운데는 붕우朋友의 도리도 포함되어 있다. 김굉필과 정여창 역시 이들 중국의 선현과 마찬가지로 붕우의 도리를 실천한 모범적 인물로 추숭된 것이다. 사림계 선비들이 이 붕우의 도리를 얼마나 중시했는지는 김굉필과 정여창을 함께 문묘文廟에 종사從祀한 사실을 통해 알 수 있다. 정여창을 문묘에 종사한 가장 큰 이유가 바로 김굉필과의 사귐을 통해 붕우의 도리를 제대로 실천했다는 점이었기 때문이다.

김굉필은 '위기지학'에 눈을 떴다고 해서 과거 공부를 그만두지는 않았다. 유교는 '수기치인修己治人'의 학문이므로 자기 몸을 닦는 공부와 다른 사람을 다스리는 공부가 함께 이루어져야 한다. 개인의 심성 수양에만 머문다면 유학자들이 이단으로 비판하던 불교와 다른 점을 찾기 어렵게 된다. '위기지학'으로 길러진 인격은 세상의 도리를 실천하는 데 힘을 보탤 때 비로소 의미가 있다. 김굉필이 21세에 김종직을 만난 이후로는 과거에 뜻을 두지 않고 오직 도학에만, 그것도 『소학』 공부에만 힘쓴 것처럼 설명하는 이들이 있다. 하지만 이는 사실과 한참 먼 이야기이다. 김종직을 만난 이후에도 김굉필은 여전히 과거 공부에 힘을 쏟았고, 1480년(성종 11)에 스물일곱의 나이로 소과小科 생원시生員試에 합격했다. 소과에 합격한 이후에는 성균관에 입학하여 대과大科를 준비했다.

그가 성균관에 입학하던 해 사건이 하나 있었다. 원각사圓覺寺의 중이 불상을 몰래 돌려놓고는 불상이 저절로 돌아섰다고 선전한 사건이다. 이 선전에 혹한 많은 사람들이 원각사로 몰려들었다. 조정에서 대간臺諫이 글을 올려 중들을 죄주기를 청하였으나 받아들여지지 않았다. 이때 김굉필도 성균관 생원의 신분으로 원각사의 중들을 처벌하라는 내용의 소를 올렸으나 이 역시 받아들여지지 않았다. 그 내용 가운데 한 구절을 소개하면 다음과 같다.

> 천만뜻밖에 지금 원각사의 중들이 도성 안에 떼를 지어 모여서 허무虛無의 가르침을 방자히 행하고 있습니다. 이것만 해도 백성의 이목을 어둡게 하고 태평한 시대에 험이 될 것인데, 그래도 부족하여 불상을 몰래 돌려 세워놓고 사람들을 현혹시키는 소문을 퍼뜨렸습니다. 사방의 남녀들이 바람에 쓰러지듯 다투어 몰려들어 옷을 벗어서 보시하며 돈을 흩어서 바치는 자가 문을 메우고 뜰에 가득하여 그 수를 셀 수도 없습니다. 성명聖明의 시대에 어찌 이와 같은 괴이하고 망령된 일이 있을 수 있겠습니까. 신은 통곡하고 눈물이 흐름을 견디지 못하겠습니다. 가령 저 불상이 돌아서서 사람과 다름없이 걷는다 하더라도 국가에 무슨 이익이 있으며 신민에게 무슨 이익이 있겠습니까. 한갓 불길한 괴물일 뿐이거니와, 하물며 전혀 그럴 이치가 없는 것이 아니겠습니까?

유학자로서의 면모를 여실하게 드러내는 장문의 상소였다. 그러나 대간의 상소와 마찬가지로 받아들여지지 않았다. 세상에 올바른 도리가 실현될 수 있도록 하려던 김굉필의 첫 번째 노력은 성과 없이 끝났다.

김굉필은 성균관의 공부를 마친 후 대과에 응시하지 않았다. 그가 대과에 응시하지 않았던 구체적인 이유는 알 수 없다. 다만 그의 또 다른 벗인 추강秋江 남효온南孝溫이 쓴 『사우명행록師友名行錄』에 있는 다음과 같은 기록을 통해 그 이유를 짐작해 볼 수 있을 뿐이다.

> 나이가 들수록 도가 더욱 높아졌다. 세상이 만회될 수 없고 도가 행해질 수 없음을 익히 알아 빛을 감추고 자취를 숨겼다. 그러나 사람들이 이러한 것을 알아주었다.

남효온은 당시 훈구파가 득세하던 정치적 상황 때문에 김굉필이 벼슬에 나아가지 않았던 것으로 생각했다. 남효온은 일찍이 정치개혁을 요구하는 상소를 올렸으나 받아들여지지 않자 과거를 포기해 버렸던 인물이다. 남효온이 주장한 정치개혁의 핵심적 내용은 세조의 공신으로 이루어진 성종대의 집권세력에 대한 비판이었다. 한명회를 비롯한 공신들의 권력 장악이 모든 정치사회적 문제를 야기하는 근본 원인이라고 생각하고 있었다. 특히 그들의 권력형 비리가 조정을 어지럽힐 뿐만 아니라 민생을 파탄시키고 있다고 주장했다. 이런 정국이 바뀌지 않는 한 벼슬살이는 아무런 의미가 없다고 생각한 이가 남효온이었고, 그는 벗인 김굉필 역시 마찬가지라고 생각하였다. 김굉필 역시 세상이 만회될 수 없고 도가 행해질 수 없음을 알아서 빛을 감추고 자취를 숨겼다고 했다. 당시에는 남효온이나 김굉필 이외에도 과거를 통해 벼슬에 나아가는 데 뜻을 두지 않았던 인물들이 꽤 많았다. 그들의 처신은 개인적인 기질에 의한 것이 아니라 정치적 · 학문적 입장 때문이었다. 당시의 정치적 현실에서는 자신들이 생각하는 세상의 도리를 실현할 수 없다는 생각에 관직 진출을 포기하였다.

김굉필 이전까지 유학자들에게 가장 중요한 가치는 입신立身이었다. "입신하고 도를 행하여 이름을 후세에 드날려 부모를 드러내는 것이 효도의 끝"이라고 하는 『효경孝經』의 유명한 구절이 이러한 가치관을 뒷받침하고 있었다. 조선시대 '입신양명立身揚名'의 구체적 내용은 과거에 합격하고 높은 벼슬에 오르는 일이었다. 따라서 모든 선비들은 과거 공부에 매달릴 수밖에 없었다. 김굉필은 이 입신과는 다른 새로운 가치, 즉 결신潔身의 가치를 발견했다. 입신의 가치가 지배적일 때 결신은 '결신난륜潔身亂倫', 즉 자신의 몸을 깨끗이 하기 위해 윤리를 어지럽히는 행위로 간주되었다. 자신의 몸을 깨끗이 하기 위해 군주를 섬기지 않는 것은 군신윤리를 부정하는 행위이기 때문이었다. 유자들이 불교를 비판할 때 상투적으로 쓰는 말이었다. 그러나 김굉필은 결신이 곧 난륜이라고 생각하지 않았다. 오히려 상황에 따라서는 결신이 도를 지키는 일이고(결신수도潔身守道) 자신의 뜻을 지키는 일(결신자정潔身自靖)이 될 수도 있다고 생각했다.

그는 대과를 포기하고 벼슬길에 나아가지 않는 '결신고도潔身高蹈'의 삶을 택했다. 빛을 감추고 자취를 숨기는 삶을 택한 것이다. 자신의 도덕적 본성을 보존하고 인간의 도리를 실천하는 삶이 무엇보다 중요하다는 『소학』의 가르침이 영향을 미쳤을 것이다. 그리고 김굉필의 시대에는 그와 생각을 같이하는 선비들이 집단을 이룰 만큼 많이 있었다. 조선 왕조의 역사에서 새로운 유형의 선비들이 등장하고 있었다.

2. 김굉필의 교육활동

김굉필은 과거를 통해 벼슬길에 나서기보다는 교육활동에 뜻을 두었다. 그에 관한 대부분의 기록은 그가 교육을 자신의 소임으로 삼았고, 많은 학생들이 그에게 수업하였음을 강조한다. 그러나 그 구체적인 모습을 제대로 전해주는 기록은 거의 없다. 김굉필의 교육에 대한 관심은 그의 네 아들의 이름에서도 그대로 드러난다. 언숙, 언상, 언서, 언학의 이름에서 숙塾, 상庠, 서序, 학學은 모두 상고 시대의 학교를 가리킨다. 비록 단정할 수는 없으나 아들의 이름을 이렇게 지은 뜻이 김굉필의 교육에 대한 관심과 무관하지는 않았으리라 생각된다.

그의 교육활동에 대한 직접적인 기록으로는 남효온이 남긴 글이 있다.

> 나이 서른이 된 뒤에 비로소 다른 책(『소학』 이외의 다른 책 ―필자)을 읽었고, 후진을 가르치는 데에 게을리하지 않았다. 이현손, 이장길, 이적, 최충성, 박한삼, 윤신과 같은 사람이 모두 그의 문하에서 나왔으니, 그 무성한 재질과 독실한 행실이 그 스승과 같았다.

남효온은 김굉필과 동문이면서 나이도 같다. 따라서 그가 서술한 김굉필의 교육활동은 자신이 직접 견문한 내용이다. 또 남효온이 1492년에 사망했으니, 위의 기록은 김굉필의 나이 38세 이전의 교육활동에 관한 것이다. 여기에 거론된 이현손李賢孫, 이장길李長吉, 이적李勣, 최충성崔忠成, 박한삼朴漢參, 윤신尹信 등은 모두 김굉필의 '조기문인早期門人' 이라 할 수 있다.

남효온은 김굉필의 교육활동에 관해 다음과 같은 기록도 남겼다.

> 대유大猷(김굉필의 자字)가 『소학』으로 몸을 다스리고 옛 성인을 표준으로 삼아 후학을 불러 차근차근 잘 이끌어가니, 쇄소灑掃의 예를 행하고 육예六藝의 학문을 닦는 사람이 앞뒤로 가득하였다. 그를 비방하는 논의가 장차 비등하려 하자, 백욱伯勖(정여

창의 자字)이 그만두도록 권하였으나 대유가 듣지 않았다.

위의 글은 김굉필이 가르친 학생들이 많았다는 사실과 함께, 그가 학생들에게 쇄소의 예를 행하고 육예의 학문을 닦도록 했다는 사실을 전해준다. 마당 쓸고 물 뿌리는 일은 어린이들이 익혀야 할 기본적인 예절을 가리킨다. 육예의 학문이란 가장 기본적인 유교 교육의 내용으로, 역시 실천적인 내용을 주로 한다. 모두 『소학』에서 강조하는 교육 내용이다. 그는 스스로 『소학』의 가르침을 실천했을 뿐 아니라 학생들에게도 『소학』 공부를 강조했다.

김굉필의 교육활동은 당시의 일반적인 교육과는 차이가 있었다. 학생들에게 글공부를 가르쳐 과거에 합격시키는 것이 당시 일반적인 교육의 내용이었으나 김굉필의 교육은 달랐다. 그 스스로가 일찍이 김종직 문하에서 거업과는 다른 도학의 세계를 배운 바가 있었기에 그는 학생들에게 거업이 아닌 도학을 가르치려 하였다. 그의 교육을 비방하는 논의가 있었던 이유는 그 때문이었을 것이다. 중종 때 경연에서의 다음과 같은 발언이 그러한 사정을 보여준다.

시독관 유용근이 아뢰기를, "김굉필이 효제를 힘써 행하고 이학을 근본으로 삼았으므로 선비들이 많이 그에게 배웠으나 속된 무리는 그를 비웃고 비난하였습니다. 상께서 이 글(『소학』

—필자)을 중히 여겨서 진작하신다면 누가 배우지 않겠습니까?"

김굉필의 교육에 따르는 선비들도 많았지만, 또 한편에서는 그러한 교육에 대해 비판적인 입장을 가진 이들도 많았음을 알 수 있다. 정여창이 우려한 까닭도 그 때문이었겠지만, 김굉필은 벗의 우려에도 불구하고 교육활동을 계속했다. 정여창의 염려에 대해 김굉필은 다음과 같이 답했다.

일찍이 남에게 말하기를 "승려 육행이 가르침을 베푸니 수업하는 제자가 천여 명이나 되었다. 그 벗이 그만두라면서 말하기를 '화가 생길까 두렵다' 하니, 육행이 말하기를 '먼저 안 사람으로 하여금 뒤늦게 안 사람을 깨우치게 하고, 먼저 깨달은 사람으로 하여금 뒤늦게 깨달은 사람을 깨우치게 하는 것이니, 내가 아는 것을 남에게 알릴 따름이다. 화복은 하늘에 달린 것이니 내가 어찌 관여할 수 있겠는가' 라고 하였다. 육행은 중이라서 취할 것이 없지만, 그의 말은 지극히 공정하다."라고 하였다.

위의 글에서 자신의 교육에 대한 김굉필의 확고한 신념을 읽는 것은 어렵지 않다.

김굉필은 이처럼 교육에 전념하면서 벼슬에 대한 뜻을 접었다. 그러나 그의 인품과 학식에 대한 소문이 널리 퍼지면서 1494년(성종 25) 마흔한 살의 나이에 유일遺逸로 천거되었다. 유일이란 학문이나 도덕이 훌륭한 인물임에도 불구하고 벼슬하지 않고 재야에서 지내는 인물을 가리킨다. 김굉필이 벼슬길에 나가게 된 계기가 무엇인지는 알려진 바가 없다. 과거를 통해 벼슬에 진출하는 것과 천거를 통해 관직에 나아가는 것은 그 의미가 다르다. 하지만 정권에 참여한다는 점에서는 마찬가지이다. 혹 유교적 왕도정치를 위해 노력한 성종成宗의 치세가 그로 하여금 정치적 희망을 갖게 한 것은 아닐까? 성종 말년에는 그와 뜻을 같이하는 많은 선비들이 정계에 진출해 있었다. 그리고 성종의 비호 아래 그들의 정치적 발언이 자유롭게 이루어지던 상황이었다. 김굉필이 벼슬길에 나서기로 결심하게 된 배경에는 이런 상황이 영향을 미쳤을 것으로 보인다.

그러나 김굉필이 관료 생활을 시작한 그 해에 성종이 세상을 떠나고 연산군의 치세가 시작되었다. 그는 군자감주부를 거쳐 사헌부감찰이 되었다. 정치적 포부를 펼치기에는 아직 그 지위가 낮았다. 그는 관료로서의 책무를 열심히 수행하는 한편 교육 활동도 여전히 계속하였다. 고봉高峯 기대승奇大升이 찬한 「행장行狀」에는 다음과 같은 내용이 있다.

선생은 유학을 홍기시키고 후생을 가르쳐 인도하는 것을 자신의 소임으로 생각했다. 멀고 가까운 곳에서 소문을 듣고 사모하여 따르니 책을 끼고 마루에 올라 배우기를 청하는 이들을 모두 받아들일 수 없을 지경에 이르렀다. 선생은 가르치며 인도하기를 게을리하지 아니하여 재주에 따라 성취시켰으니, 후세에 이름이 널리 알려진 이가 많았다. (중략) 관직에 복무하고 세상에 처함에 있어 남보다 특별히 다른 짓을 하지 아니하며, 비록 관청의 사무가 바쁘더라도 역시 강학하고 수업하는 일을 폐지하지 않았다.

위의 글 가운데 "비록 관청의 사무가 바쁘더라도 역시 강학하고 수업하는 일을 폐지하지 않았다."라는 구절을 통해서 그가 사로仕路에 나선 이후에도 여전히 학생들을 가르쳤음을 알 수 있다.

김굉필이 벼슬에 나아갔을 때 그를 찾아온 제자들 가운데 대표적인 인물로 모재慕齋 김안국金安國, 사재思齋 김정국金正國 형제와 서봉西峰 유우柳藕를 들 수 있다. 김안국의 「행장」에는 그가 15, 6세에 학문에 뜻을 두고 김굉필을 찾아가 배웠다는 기록이 있다. 또 그의 동생인 김정국은 어릴 때 김굉필에게 배웠다고 했다. 이들이 정확하게 언제부터 김굉필에게 수학하였는지는 알 수 없으나, 김굉필이 유일로 천거되어 벼슬길에 나서기 시작한 시기의 전후라고 보아도 무리는 없을 것 같다. 그들 형제보다 연장자인 문인으로는 유우가 있다. 유우에 관한 기록에는 김굉필이 무오사화에 연루되어 유배 갔을 때 그의 나이가 겨우 약관이었다고 한다. 따라서 20세 전후부터 김굉필에게 수학한 것으로 보인다.

이즈음 김굉필의 교육과 관련해서 주목되는 시 한 수가 있다. 이현손의 「봉송김선생대유봉대부인귀현풍奉送金先生大猷奉大夫人歸玄風」이라는 시이다. 그 시에는 다음과 같은 내용이 있다.

용문에서 도학을 창도하니,	龍門倡道學
따르는 사람 잇달아 일어나네.	從者相繼起
중간에 각기 흩어져,	中間各分散
이욕 때문에 스스로를 망쳐 버렸네.	利欲甘自毁
…	…
성광醒狂(이심원)은 시골에서 늙고,	醒狂老丘壑
추강秋江(남효온)은 영원히 그만이로다.	秋江長已矣
선생마저 이제 또 떠나가시니,	先生今又去
소자小子는 마침내 누구에게 의지하랴.	小子竟何倚

이 시는 김굉필이 한양에서 현풍으로 내려갈 때 이현손이 스승을 떠나보내면서 아쉬운 마음을 내보인 시이다. 김굉필이 현풍으로 내려간 정확한 시기는 알 수 없으나 남효온 사후인 것은

확실하다. 『경현록』에 실린 「연보」에서는 이 시기를 성종 24년으로 비정하고 있지만, 그 근거는 없다. 필자는 오히려 2년 뒤인 연산군 1년 무렵으로 보는 것이 타당하지 않을까 생각한다.

연산군 4년 무오사화의 와중에 임희재任熙載가 이목李穆에게 보낸 편지가 문제가 되었고, 그 편지 가운데 '김굉필도 이미 사직서를 내고 시골로 떠났다.'는 내용이 실려 있다고 했다. 그 편지에는 근일에 정석견鄭錫堅이 동지성균同知成均에서 파직되었고, 이철견李鐵堅이 의금부지사義禁府知事가 되었다는 사실도 아울러 전하는데, 그 시기가 연산군 1년이다. 따라서 김굉필이 사직서를 내고 시골로 떠난 것도 이즈음의 일로 볼 수 있다. 사직서를 내기 위해서는 당연히 벼슬에 임명된 이후여야 하고, 김굉필이 벼슬에 임명된 것은 성종 25년, 즉 연산군 즉위년의 일이다. 그해 김굉필은 남부참봉, 전생서참봉에 임명되었으나 사직하고 시골로 내려갔고, 이후 6품에 서용되면서 군자감주부로 벼슬길에 나선 것은 아닐까. 아무튼 이현손의 시는 그 즈음에 지어진 것으로, 김굉필의 교육활동에 관해 중요한 사실을 알려준다.

위의 시는 "용문에서 도학을 창도하니, 따르는 사람이 잇달아 일어나네."라고 하여 김굉필의 교육활동이 활발하게 이루어지고 있던 모습을 보여준다. 그러나 그 다음 구절에 "중간에 각기 흩어져, 이욕 때문에 스스로를 망쳐버렸네."라고 하여 김굉필의 교육활동에 문제가 생겼음을 암시한다. 그 문제는 김굉필을 따르던 문인들 사이에 분열이 생긴 것이다. 그리고 그 분열의 원인을 이욕利欲 때문이라고 했다. 이러한 사태를 구체적으로 알 수 있는 자료는 찾을 수 없다. 그러나 이장길이라는 인물을 통해 이러한 사태를 어느 정도 짐작해보는 것은 가능하다. 『경현록』에는 이장길에 관해 다음과 같은 기록이 있다.

> 인물됨이 준수하여 재주가 많았고 젊었을 적에 학행이 있다고 소문났습니다. 추강의 『사우록』에 '지조가 굳고 곧아 잡스럽지 않다.' 고 칭찬하기까지 하였으니, 당시에 명예가 있었다는 것을 알 만합니다. 그러나 나중에는 극도로 잘못되어 결국 무과로 벼슬길에 진출하여 연산군이 총애하는 궁녀와 교분을 맺어 추잡하고 더러운 일이 많았으며, 또 권세 있는 간신에게 빌붙어 하는 짓이 거칠고 사나웠습니다. 이 때문에 사림으로부터 배척을 받아, 처음에는 곧았으나 뒤에는 더러워졌다는 비난이 있었다고 합니다.

이장길과 이현손은 모두 김굉필의 '조기문인' 이었다. 두 사람 모두 남효온이 "그 무성한 재질과 독실한 행실이 그 스승과 같았다."라고 칭찬했던 제자들 가운데 포함된 인물이었다. 그러나 이후 이장길은 출사에 급급하여 학문의 길을 포기했고, 도덕적으로 비난받을 짓을 했을 뿐만 아니라 권력을 지닌 간신에게 빌붙기까지 했다. 이현손과는 가는 길이 전혀 달라 '각기 흩어져' 라는 표현에 딱 들어맞는다. 이현손의 시는 바로 이러한 상황 속에서 안타까움을 표현한 것은 아닐까?

관료생활과 교육활동을 함께 하던 김굉필에게 큰 사건이 닥쳤다. 1498년(연산군 4)에 그가 형조좌랑刑曹佐郎의 자리에 있을 때 무오사화戊午士禍로 불리는 정치적 사건이 발생했다. 그 역시 이 사건으로 평안도 희천熙川에 유배되었다. 이 사건은 15세기 후반기 두 정치세력의 대립 때문에 발생하였다. 훈구파勳舊派와 사림파士林派의 대립이 그것이다. 이들은 학문적 · 정치적 성향을 달리하는 학자 · 관료 세력이었다. 훈구파 학자들은 15세기 전반기를 대표하는 학자인 양촌陽村 권근權近의 학맥을 잇는 인물들이 대부분이었다. 이들은 성종대 국가의 편찬사업을 주도하면서 당시의 학계를 지배하고 있었다. 반면 사림파는 김종직의 학맥을 잇는 인물들이 중심이었고, 물론 김굉필도 그 일원이었다.

서로 다른 성격의 이 두 세력이 날카롭게 부딪친 것은 성종 때부터였다. 성종대의 훈구파는 국가권력을 장악한 대신들이 그 중심에 있었다. 이에 비해 사림파는 신진관료로서 주로 언론활동을 하는 관직에 종사하고 있었다. 권력을 장악한 훈구파는 넓은 토지를 차지하고, 양민을 자신의 노비로 끌어들이고, 가난한 백성들에게 고리대를 놓아 수탈하고, 백성들의 노동력을 착취하였다. 이에 사림파 관료들이 훈구파 대신들을 격렬하게 비난하면서 두 세력이 날카롭게 대립하였다. 성종이 임금으로 있을 때는 양자 사이의 대립을 적절하게 조절하면서 정치적 안정을 유지했다. 그러나 연산군이 즉위하면서 사정이 달라졌다. 연산군은 관료들의 언론활동에 성종처럼 호의적이지 않았다. 이 틈을 이용하여 사림파를 제거하려는 정치적 음모가 싹텄다.

사림파를 일망타진하려는 정치적 음모에 이용된 것이 김종직이 지은 「조의제문弔義帝文」이라는 글이었다. 이 글은 중국의 항우가 초楚나라의 의제를 죽인 사실을 슬퍼하는 내용인데, 세조가 단종을 폐위한 일을 슬퍼하는 내용으로도 해석할 수 있는 글이었다. 훈구파는 이 글을 꼬투리로 삼아 김종직을 세조에게 불충한 죄인으로 몰아 사림파를 제거하고자 하였다. 이미 죽은 김종직의 시체는 관에서 꺼내어 목을 베는 형벌에 처해졌다. 그의 수많은 제자들도 죽임을 당하거나 유배에 처해졌으니 이 사건이 곧 무오사화였다. 이때 김굉필도 김종직의 문도로서 붕당을 이루어 국정을 비방하였다는 이유로 평안도 희천熙川에 유배되었다.

하지만 김굉필의 교육활동은 유배 이후에도 멈추지 않았다. 정암靜庵 조광조趙光祖는 김굉필이 희천에 있을 때 가르침을 받은 제자이다. 조광조의 부친이 어천찰방魚川察訪(평안도의 역들 가운데 어천도라는 구역에 속하는 19개 역을 관장하는 책임자)으로 부임했을 때 조광조도 따라갔다. 이때 조광조는 희천에 있는 김굉필을 찾아가 배움을 청하였다. 이후 조광조는 김굉필의 대표적인 문인으로

손꼽히면서 조선시대 도학의 정통을 계승한 인물로 평가받게 된다. 유배지에서의 교육이 커다란 결실을 거두었다고 할 수 있다.

김굉필이 희천에 있었던 기간은 2년 남짓이었다. 1500년(연산군 6)에 평안도 지역에 심각한 기근이 들어 유배 죄인들을 영남과 호남으로 옮기는 조치가 있었다. 이때 김굉필은 전라도 순천順天으로 유배지를 옮겼다. 이곳에서도 그의 교육 활동은 계속되었다. 순천에서 가르침을 받은 학생들 가운데 알려진 인물로는 미암眉巖 유희춘柳希春의 부친인 유계린柳桂麟이 있다. 이때의 교육활동에 대해 구체적으로 알려진 사실이 없으나, 교육활동이 김굉필의 평생 사업이었음을 확인하기에는 충분하다.

순천에서 유배 생활을 하던 김굉필에게 다시 정치적 시련이 닥쳤다. 1504년(연산군 10) 중앙 정계에서는 훈구파 대신들과 연산군의 측근 세력 사이의 대립이 폭발하였다. 이번에는 수많은 훈구파 대신들이 죽임을 당하거나 유배를 갔다. 그런데 그 불똥이 이미 무오사화에 희생된 사림파 인물들에게까지 튀었다. 그 이전에 유배에 처했던 인물들에게 죄를 더한 것이다. 그래서 이 사건을 갑자년에 선비들이 화를 당한 갑자사화甲子士禍라고 한다. 그해 9월 26일의 실록에는 다음과 같은 기록이 있다.

> 정승 및 의금부 당상이, 무오년에 죄를 받아 지방에 부처付處되어 있는 사람들을 써서 아뢰기를, "… 김굉필 · 강백진 · 최

부·이원은 김종직의 문도로서 장형을 받고 부처되었고, 성중엄은 이목의 말을 듣고 김일손의 사초를 실록에 편찬하려 한 죄로 장형을 받고 부처되었습니다."라고 하니, 전교하기를, "성중엄 이상은 마땅히 극형에 처해야 하고, 이원 이하는 차등을 마련하여 아뢰도록 하라."라고 하였다. 유순 등이 아뢰기를, "강겸은 참형, 강백진·김굉필·성중엄은 교수형에 처하고, 최부와 이원은 종으로 삼게 하소서."라고 하니, 어서에 이르기를, "강백진과 김굉필은 참형斬刑, 성중엄과 강겸은 능지처참하고, 최부와 이원은 장 1백을 때려 이원은 제주도, 최부는 거제도에 정배하여 모두 종으로 삼도록 하라."라고 하였다. 이어 전교하기를, "능지처참한 자는 모두 효수梟首하고 가산을 몰수하며, 능지한 자를 전시傳屍하도록 하라." 하였다.

순천에 유배되어 있던 김굉필에게 참수형이 내려졌다. 그리고 이어 10월 7일의 기록에는 "김굉필을 철물 저자에서 효수하게 하다."라고 하였다. 김굉필의 연보에는 그해의 일이 다음과 같이 적혀 있다.

9월에 사화가 재차 일어나서 무오당인戊午黨人에게 죄를 더 주도록 명하였다. 10월 초하루에 화가 선생이 귀양살이 하는 곳에 미쳤다. 이날에 선생이 죽으라는 명이 있다는 것을 듣고, 즉

시 목욕하고 관대를 바로 하고 나가면서 신색神色이 변하지 않았다. 우연히 신이 벗겨졌으므로 다시 신고 손으로 그 수염을 쓰다듬어 입에 물고 조용히 죽음에 나아갔으니, 나이가 51세였다.

1504년 10월 1일에 순천에서 참형에 처해졌음을 알 수 있다. 위의 기록은 김굉필이 죽음 앞에서도 예법을 따르는 몸가짐을 흐트러트리지 않았다는 사실을 강조하고 있다. 또 의연하게 죽음에 임할 수 있는 기절氣節이 있었음을 강조하는 내용이기도 하다.

김굉필은 교육활동에 한평생을 바치면서 교육을 통해 새로운 조선 왕조를 만들고자 하였다. 그는 국정이 문란해지고 민생이 어려워지는 현실을 보면서 그 이유를 위정자들의 도덕성 문제에서 찾았다. 소인小人이 아닌 군자君子가 위정자가 될 때 비로소 나라의 안녕이 이루어질 수 있다고 생각한 그는 평생의 교육을 통해 군자를 기르고자 하였다. 그가 뿌린 교육의 씨앗은 이후 조선 사회 전체를 뒤덮는 꽃을 피우게 된다.

3. 김굉필의 문묘 종사

김굉필이 사형을 당한 지 2년 뒤인 1506년 신하들이 연산군을 몰아내고 진성대군晉城大君을 새 임금으로 추대한 중종반정中宗反正이 일어났다. 중종이 즉위하자 사화에 희생된 인물들의 명예를 회복하는 일이 추진되었다. 김굉필은 다음 해에 승정원 도승지(정3품)로 추증되었다. 그 후 1517년(중종 12)에는 조광조와 그를 추종하는 세력이 권력을 장악하면서 김굉필은 의정부 우의정(정1품)에 추증되었다. 이와 함께 그를 문묘文廟에 종사從祀하자는 의논이 나오기 시작했다.

문묘는 성균관과 전국의 향교에 있는 대성전大成殿과 동東·서무西廡를 가리키는 말이다. 이곳에서는 공자와 그의 제자를 비롯하여 중국의 유명한 유학자들을 제사 지낸다. 아울러 우리나라의 유학 발전에 기여했다고 국가에서 인정한 학자들도 함께 제사 지낸다. 유학자로서 가장 영예로운 것이 바로 이 문묘에 모셔지는 것이었다. 조선 중종 때까지 문묘에 모셔진 우리나라의 학자는 설총薛聰, 최치원崔致遠, 안향安珦 세 사람뿐이었다. 아직 조선 왕조의 유학자 가운데는 한 사람도 문묘에서 제사를 지내는 인물이 없었다. 이런 상황에서 김굉필의 문묘 종사 논의가 제기되었다.

1517년 성균관 유생들이 포은圃隱 정몽주鄭夢周와 김굉필을 문묘에 종사하여 도학의 귀중함을 밝히자고 하였다. 이들 사림계士林系 유생들은 조선 유학의 정통이 정몽주에서 비롯된다고 하였다. 고려 말에서 조선 초에 삼봉三峰 정도전鄭道傳이나 권근과 같은 뛰어난 유학자들이 있었음에도 불구하고 정몽주를 내세웠다. 그리고 고려 말에 벼슬을 버리고 선산善山으로 내려와 학생들을 가르친 야은冶隱 길재吉再를 정몽주의 뒤를 잇는 인물로 설정했다. 관학파 · 훈구파가 조선 왕조의 국가 권력 속에서 성장하였다면 사림파는 그 바깥에서 성장하였음을 강조하려는 의도였다. 이 길재의 문하에서 배운 학생들 가운데는 강호江湖 김숙자金叔滋가 있었는데, 김종직의 부친이었다.

중종대 사림계 유생들은 정몽주—길재—김숙자—김종직—김굉필로 이어지는 계보를 통해 도학의 흐름이 이어졌다고 주장했다. 정몽주는 올바른 학문을 밝혀 후학에게 열어준 사람이며,

이 정몽주의 도통을 계승하여 후학을 올바른 길로 인도한 사람이 김굉필이다. 이러한 생각으로 그들은 정몽주와 김굉필의 문묘 종사를 주장하였다. 중종 12년 8월에 성균생원 권전權碩 등이 상소한 내용은 다음과 같다.

> 그 뒤로 얼마 동안 조정과 민간에 명인名人·길사吉士로 일컬을 만한 자가 어찌 없겠습니까마는, 도道를 자기 임무로 삼아 은연隱然히 멀리 몽주夢周의 계통을 잇고 깊이 염락濂洛의 연원淵源을 찾은 자는 김굉필 그 사람입니다. 김굉필의 사람됨은 기국氣局이 단정하고 성행性行이 깨끗하며, 성학聖學에 뜻을 도타이 하고 실천에 힘써서 보고 듣고 말하고 움직이는 것이 모두 공경스럽고, 높이 앉으면 엄연儼然하고 가까이 가면 온연溫然하며, 사람을 간절하게 가르쳐서 애연藹然히 지극한 정성을 보이며, 배우러 가는 자가 있으면 누구에게나 『소학』·『대학』을 가르쳐서 규모가 이미 정해져 있고 절목節目에 질서가 있으며, 정치가 문란한 세상을 만나서 환난患難을 당하였으나 태연히 처신하여 도탑고 공경스런 공부를 처음과 같이 하여 늦추지 않고 죽을 때까지 밤낮으로 계속하였습니다. 그에게 배운 자는 사도斯道의 본지本旨를 얻어 듣고, 그를 만난 자는 이 사람의 풍의風儀를 앙모仰慕하였으며, 금세의 학자가 그를 태산북두泰山北斗처럼 생각하여 덕행을 귀하게 여기고 문예를

천하게 여기며, 경술을 존중하고 이단을 억제할 줄 알았으니, 전하께서 호오好惡를 밝히고 취사取捨를 살펴서 강기綱紀를 정돈하고 풍화風化를 선양宣揚하고자 하시는 것이 실로 김굉필의 힘에 말미암은 것입니다.

김굉필의 학문적 정통성, 인품과 학덕, 교육의 성과 등을 거론하면서 문묘 종사를 주장하였다. 중종 때 이런 주장을 편 인물들은 조광조와 뜻을 같이하는 이들이었다. 김굉필의 문묘 종사를 실현한다면 그들의 영수인 조광조의 학문적 정통성을 확보할 수 있었기 때문이었다. 또한 이를 통해 그들 세력의 정치적 입지를 강화할 수도 있었다. 이런 배경 때문에 성균관 유생들이 올린 상소를 둘러싸고 찬반 논의가 계속되다 결국 정몽주만 문묘에 종사하기로 하였다. 아직은 김굉필의 교육활동의 성과가 조정의 의논을 좌우할 정도로 널리 퍼지지 못했음을 알 수 있다.

이후 선조가 즉위한 1568년부터 다시 김굉필을 문묘에 종사하자는 상소가 올라오기 시작했다. 이때는 김굉필과 함께 정여창, 조광조, 회재晦齋 이언적李彦迪 등 네 사람을 함께 문묘에 종사하자고 했다. 정여창은 김굉필과 뜻을 같이하고 도를 함께 한 벗이라는 이유로, 조광조는 김굉필의 학통을 계승한 인물이라는 이유로 문묘 종사를 주장했다. 이언적의 경우는 앞 시대의 도학자들이 미처 밝히지 못한 도학의 이론적 내용을 풍부하게 했다는 이유로 추숭의 대상이 되었다. 흔히 이들 네 사람을 일컬어 사현四賢이라고 한다. 퇴계退溪 이황李滉을 비롯해서 이 시기의 영향력 있는 유학자들 대부분이 이들 사현의 문묘 종사를 주장하였다. 이황 사후에는 그까지 포함해서 다섯 사람의 문묘 종사 주장이 이어졌다. 당시에는 사현에 이황을 더하여 오현五賢이라 하였다. 후대에는 주희를 비롯한 중국 송나라 때의 다섯 사람의 도학자와 구별하여 흔히 '동방오현東方五賢' 이라고 하였다. 하지만 조정의 관료와 유생들의 계속된 상소에도 불구하고 이 다섯 사람의 문묘 종사는 그렇게 쉽게 실현되지 못했다.

1575년(선조 8)에 나라에서는 김굉필을 높이기 위해 그에게 문경文敬이라는 시호諡號를 내렸다. 그에 앞서 1570년에는 임금의 명령으로 『국조유선록國朝儒先錄』이라는 책을 간행하였다. 이 책은 김굉필을 비롯한 사현의 행적과 학문을 담아 세상의 교범敎範으로 삼기 위해 편찬되었다. 한때 이들 네 사람은 국가의 중죄인으로, 두 사람은 사형을 당하였고 나머지 두 사람도 유배에 처해졌다. 『국조유선록』의 편찬은 이들을 중죄인의 족쇄에서 풀어내 학자들이 본받아야 할 선현의 지위에 올려놓는 작업이었다. 문묘 종사까지는 이제 한 걸음 남았다. 그러나 그 한 걸음이 쉽지는 않았다. 오현의 문묘 종사를 청하는 상소를 받아 본 선조는 매번 "문묘에 종사하는 일은 가볍지 않으므로 쉽사리 거행할 수 없으니 청한 것을 윤허하지 않는다."라는 비답을 내렸다. 선조가 오현의 문묘 종사에 신중한 입장을 취한 이유는 여러 측면에서 찾을 수 있다. 아무튼 선조는 치세를 마칠 때까지도 오현의 문묘 종사를 윤허하지 않았다.

1610년(광해군 2)에서야 마침내 김굉필을 비롯한 다섯 사람의 문묘 종사가 결정되었다. 중종 때 김굉필의 문묘 종사를 처음 주장했을 때부터 약 100여 년에 걸친 노력 끝에 이루어진 성과였다. 그 100여 년의 시간은 김굉필이 뿌린 도학의 씨앗이 꽃을 피워 들판에 퍼져나가는 데 걸린 시간이었다. 김굉필은 당시 대부분의 사람들이 벼슬을 하여 부귀영화를 누리기 위한 공부, 즉 '위인지학' 에만 빠져있을 때 인간의 보편적인 도덕적 본성을 기르는 '위기지학' 에 눈을 뜬 선구자였다. 더구나 그는 자신의 도덕적 실천에만 머무르지 않았다. 유학자라면 세상에 올바른 도리가 실현되도록 하는 일을 자신의 책무로 삼아야 한다는 소신으로, 일생 교육을 통해 그 책무를 다하고자 하였다. 그의 가르침을 받은 제자들은 또 자신들의 방식으로 스승의 가르침을 실천하고 전파하였다.

김굉필의 문인들 가운데 그의 학문 · 사상을 널리 알리는 데 크게 기여한 인물로는 조광조와 함께 김안국, 김정국, 유우 등을 들 수 있다. 그들은 그 자신이 당대의 유명한 학자였을 뿐만 아니라 또 많은 제자들을 길러낸 교육자였다. 16세기 후반 무렵에 이름을 드러낸 학자들 가운데는 김굉필의 문인들에게 수업을 받은 문인, 즉 재전문인再傳門人들이 매우 많았다. 그들을 제외하고는 조선시대의 유학사를 설명하는 것이 불가능할 정도이다. 대표적인 인물 몇 사람만 들면 청송聽松 성수침成守琛, 휴암休菴 백인걸白仁傑, 하서河西 김인후金麟厚, 미암眉巖 유희춘柳希春, 추만秋巒 정지운鄭之雲, 동주東州 성제원成悌元, 이소재履素齋 이중호李仲虎, 정존재靜存齋 이담李湛 등이다.

이들 가운데는 김굉필처럼 평생을 도덕 실천에 힘쓴 이도 있고, 성리학의 이론적 탐구에 힘을 들인 이도 있고, 벼슬에 나아가 도학 정치를 실현하고자 한 이도 있다. 서로 다른 길을 갔어도 이들은 모두 자신들의 스승을 통해 김굉필의 학문 · 사상을 배우고 따른 이들이었다. 김굉필의 문묘 종사는 그러한 상황 속에서 자연스럽게 이루어질 수밖에 없는 일이 아니었을까? 아무튼 오현의 문묘 종사는 이제 김굉필이 조선 왕조의 학문적 정통성을 대표하는 학자 가운데 한 사람이 되었음을 의미한다.

小學世鄕

제3장 한훤당에 대한 기억, 『경현록』

1. 순천간본 『경현록』의 편찬

김굉필은 조선 왕조 유학의 정통적 계보를 연 인물이라는 평가를 받지만, 그의 학문적 성과를 살필 수 있는 자료는 거의 없다. 조선 시대의 뛰어난 학자들은 최소한 자신의 문집은 남겼지만 김굉필은 그 문집조차 남기지 못했다. 그의 문묘 종사를 반대하던 측은 말할 것도 없고, 문묘 종사를 주장하던 이들도 그가 학문적 저술을 남기지 못했다는 사실을 인정한다. 흔히 사화의 소용돌이 속에서 그가 남긴 글들이 사라질 수밖에 없었을 것이라고 하지만, 애초에 그가 남긴 글이 거의 없었던 것으로 보인다. 오히려 그렇게 보는 것이 그의 학문적 특징을 제대로 이해하는 것이 아닐까 싶다. 하지만 후세에 김굉필에 대한 추숭의 열기가 커지면 커질수록 그가 남긴 글을 보고자 하는 열망도 커질 수밖에 없었다. 이에 그가 남긴 몇 편의 시문詩文과 그에 관한 다른 사람들의 진술을 함께 모아 한 권의 책을 편찬하기에 이르렀다. 『경현록景賢錄』이라고 부르는 책이다. '경현'은 어진 사람을 사모한다는 뜻이니, 선현先賢을 사모하여 남기는 기록이라는 뜻으로 풀이할 수 있다. 우리가 알고 있는 김굉필은 이 『경현록』 속에 담겨 있는 그에 대한 기억을 다시 재구성해서 만들어낸 모습이라 할 수 있다.

처음 이 『경현록』을 편찬한 이는 구암龜巖 이정李楨이다. 1563년(명종 18)에 순천부사로 내려간 그는 그곳에서 생을 마친 김굉필의 유적지를 정비하는 한편 그와 관련이 있는 글들을 모으기 시작했다. 이정은 사천 출신으로, 스물세 살 때 사천으로 유배 온 규암圭巖 송인수宋麟壽를 찾아가 도학을 배웠다. 송인수는 평소 조광조 등의 기묘사림을 흠모하였고, 『소학』을 실천하고 보급하는 데 많은 노력을 기울였다. 1534년(중종 29)에 권신 김안로金安老 일파의 전횡을 공격하다 사천으로 유배되었다. 이정이 송인수에게 배운 내용 가운데는 당연히 『소학』의 실천이 포함되었을 것이다. 순천부사로 부임한 이정이 김굉필의 유적과 유문遺文에 큰 관심을 보인 이유도 스승인 송인수의 가르침과 무관하지 않았을 것이다.

이정은 자신이 『경현록』을 편찬한 경과를 다음과 같이 설명하였다.

> 정禎이 일찍이 한훤 선생의 「가범家範」, 「행장行狀」, 「의득議得」 등의 글을 얻어, 이들을 엮어 한 책을 만들었다. 그러나 내가 듣고 본 바가 얕고 좁아서 매우 엉성하였다. 이 때문에 선생이 독실한 뜻을 갖고 힘써 실천한 공부와 도덕의 훌륭함을 제대로 밝히지 못했다. 이를 매우 두렵게 여겨 의심나는 바에 대해 퇴계 이 선생에게 가르침을 구했다. 선생이 의홍 현감 김립金立과 수재秀才 정곤수鄭崑壽 등이 기록한 것을 참고하여 새롭게 고쳐 정본定本을 만들었다. 그 상세하고 간략함이 모두 조리가 있고, 본말이 대강 갖추어져 간행하여 후세에 전하더라도 그다지 불만스러운 곳이 없게 되었다.

위의 글에 따르면, 이정은 자신이 편찬한 『경현록』을 이황에게 보내 의견을 물었다. 이황은 부족한 자료를 보충하기 위해 김립과 정곤수에게 도움을 청했다. 김립은 김굉필의 손자이고, 정곤수는 김굉필의 외증손이다. 이들은 일찍부터 자신들의 선조에 관한 기록들을 모으고 정리하고 있었던 모양이다. 이들은 모두 이황과 연분이 있었다. 김립은 자신의 아들 둘을 모두 이황의 문하에 나아가게 했고, 정곤수는 이황의 문인이었다. 이황은 이들이 보내온 자료를 참고하여 『경현록』을 다시 편찬하였다. 이정은 이황이 새롭게 편찬한 『경현록』을 순천 관아에서 간행하였다. 이때 남명南冥 조식曺植의 김굉필에 관한 기록을 얻어 함께 포함시켰다. 순천간본順天刊本 『경현록』은 이렇게 만들어졌다. 상・하 두 권이 한 책으로 묶여 있는 이 『경현록』은 현재 일반적으로 접하는 3책 6권의 『경현록』과는 전혀 달랐다.

순천간본의 상권에는 '한훤김선생' 이라는 부제 아래 「세계世系」, 「사실事實」, 「행장行狀」, 「서술敍述」, 「시詩・부賦・문文」, 「추설追雪・포증褒贈・가증加贈・사전祀典」, 「청종사請從祀」, 「부제현시附諸賢詩」 등의 글이 실려 있다. 하권에는 '매계조공梅溪曺公' 이라는 부제 아래 「사실事實」, 「임청대기臨淸臺記」, 「부附 경현당기景賢堂記」 등의 글이 실려 있다. 앞서 이정은 "「가범」, 「행장」, 「의득」 등의 문헌을 얻어, 이들을 엮어 한 책을 만들었다." 라고 했는데 실제 간행된 『경현록』에는 이보다 훨씬 많은 글들이 실렸다.

이정이 「의득」이라고 한 글은 아마 「추설・포증・가증・사전」을 가리키는 것으로 보인다. 이정이 실었던 「가범」은 순천간본에는 보이지 않는다. 그 대신 「사실」 속에 가범에 관한 내용이 간략하게 소개되어 있다. 그 내용은 다음과 같다.

> 이에 「가범」을 지어 자손에게 훈시하고, 의절儀節을 만든 것은 『내칙內則』을 모방했으며, 가르쳐 인도하는 방법으로는 윤리를 더욱 중하게 여겼다. 아래로 비복婢僕에 이르기까지 안팎의

직무를 구별하여 모두 맡은 직무에 따른 명칭이 있으며, 재능을 참작하여 임무를 맡겨서 각기 그 일을 책임지우고, 절하고 꿇어앉고 일하는 것이 모두 일정한 규정이 있었다. 부지런하고 조심하는 자는 계급을 올리고 상금을 주었으며, 명령을 어기고 태만한 자는 계급을 낮추고 벌을 주었다. 급료의 차별도 계급이 오르고 내리는 데 따라 증감하였으며, 길사吉事와 흉사凶事에 대비하는 저축은 가난하고 부유함에 따라 후하게 하기도 하고 절약하기도 하였다. 그리고 초하루와 보름마다 친히 독법讀法의 예를 행하여 힘써 지도하였으니, 그 가범의 엄격하고 바른 것이 이러하였다.

위의 글을 통해 알 수 있듯이, 「가범」은 집안에서 부리는 노비 통제에 관한 내용이 주였다. 노비들의 직무에 따라 이름을 달리하는 직책을 두고, 각각의 직무를 세세하게 규정하였다. 직무의 성과에 따른 보상과 처벌도 상세하게 규정되어 있었다. 김굉필이 집안을 다스릴 때 노비들을 통제하는 데 아주 큰 관심을 두었음을 알 수 있다. 그러나 이황은 이런 내용이 김굉필에 관한 기억 속에 반드시 포함되어야 할 필요는 없다고 보았다. 따라서 "그 대요만을 추려서 운운云云하여 선생이 집안을 다스리기를 대략 이와 같이 하였음을 보이는 것"으로 충분하다고 했다. 그 결과 순천간본에는 「가범」의 원문이 실리지 않았다.

순천간본 『경현록』의 가장 큰 특징은 김굉필과 함께 매계梅溪 조위曺偉에 관한 내용이 포함되어 있다는 사실이다. 조위는 김종직의 처남으로, 무오사화 때 평안도 의주로 유배되었다가 순천으로 옮겨진 후 갑자사화 한 해 전에 생을 마친 인물이다. 이정이 처음 『경현록』을 편찬한 이유가 순천에 유배된 선현을 기리기 위해서였고, 그 대상에는 김굉필뿐만 아니라 조위까지 포함되었다. 따라서 『경현록』을 상·하의 2권으로 나눌 때 상권에는 김굉필, 하권에는 조위를 실었다. 그러나 하권에 실린 내용은 조위의 생애를 알려주는 「매계조공사실」, 조위의 글인 「임청대기」 그리고 이정이 붙인 지문識文뿐이었다. 따라서 분량이나 체제에서 상권과 균형이 맞지 않았다. 마지막에 기대승이 쓴 「경현당기」를 보충했지만 여전히 균형이 맞지 않았다. 그럼에도 불구하고 2권으로 나눈 것은 김굉필과 조위를 구분하기 위한 방법이었을 것이다.

「경현당기」에 따르면, 『경현록』이 이들 두 사람에 관한 내용을 싣게 된 경위는 다음과 같다. 순천에서의 김굉필의 행적에 처음으로 관심을 가졌던 이는 그의 손자인 김립이었다. 그는 곡성谷城현감으로 있을 때 여러 번 순천을 지났는데, 그곳에서 할아버지의 행적을 전해 듣고 또 「임청대기」라는 글을 얻었다. 그리고 이러한 사실을 교유하는 사람들에게 널리 이야기하였다. 그 이야기를 전해들은 사람들 가운데 이정이 있었다. 그는 순천부사로 부임하자 김굉필의 유적으로 알려진 임청대를 찾았다. 그러나 임청대는 이미 없어졌고, 「임청대기」가 김굉필의 글이 아니라 조위의 글이라는 사실을 알게 되었다. 이정은 김굉필과 조위 두 사람을 함께 추모하기로 하고 경현당과 임청대를 짓게 되었다. 기대승은 그 경과를 다음과 같이 설명했다.

> 이후李侯가 드디어 옛터를 넓혀서 대臺를 쌓으니, 높이가 한 길 남짓이었다. 대의 북쪽 언덕에 돌을 포개어 계단을 만들고, 그 위에 당을 지으니 모두 세 칸이었다. 담을 둘러쌓고 경현당이란 편액을 걸어 놓고 선생을 사모하는 뜻을 나타냈다. 임청이란 명칭은 사실 매계가 처음 지은 것인데, 매계도 현인이었으니 전함이 없게 해서는 안 될 것이므로 당의 계단 아래에 따로 집 한 칸을 세우고 장차 조그만 석비를 세워 임청대라는 간판을 세우려 했다. 아울러 그 후면에 기문을 새겨 그 자취가 없어지지 않게 하려는 것이다.

위의 글에서 이정이 김굉필을 경모景慕하는 뜻에서 경현당을 세웠으며, 조위의 사적도 전하기 위해 임청대를 세웠음을 알 수 있다. 두 건물의 규모가 마치 『경현록』에 실린 김굉필과 조위에 관한 내용의 분량과 흡사하여 흥미롭다.

2. 『경현록』의 중간

1565년(명종 20) 순천부사 이정이 처음 간행한 『경현록』은 몇 차례에 걸쳐 중간重刊되었다. 그리고 중간 때마다 새로운 내용이 조금씩 덧붙어 『경현록』의 분량이 점차 많아졌다. 지금 확인이 가능한 최초의 중간본은 전라도 관찰사인 박민헌朴民獻이 1574년(선조 7)에 순천에서 간행한 것이다. 박민헌은 자신의 중부仲父와 친구로부터 전해들은 사실 두 가지를 「보유補遺」라는 항목으로 덧붙였다. 이와 함께 「성화십육년경자유월십육일소成化十六年庚子六月十六日疏」(이하 「경자소庚子疏」)라는 새로운 글을 실었다. 1480년(성종 11) 당시 성균관 생원이었던 김굉필이 올린 척불소斥佛疏이다.

이 「경자소」가 김굉필의 글이라는 사실은 1570년에 『국조유선록國朝儒先錄』(이하 『유선록』)을 편찬할 때 처음으로 세간에 알려졌다. 당시 우부승지였던 이충작李忠綽이 『유선록』 편찬을 위해 제공한 자료였다. 그가 어떤 경로로 이 글을 얻었는지는 알 수 없다. 그러나 성종 11년 6월 16일, 김굉필이 성균관 생원의 신분으로 상소하였음을 정확하게 알고 있었다. 그리고 『유선록』 편찬에 관여한 사람들은 그 정보를 그대로 받아들여 「경자소」를 김굉필의 글 가운데 포함시켰다. 박민헌은 『유선록』을 통해 「경자소」의 존재를 알았고, 이후 『경현록』을 중간하면서 이 글을 포함시켰다.

박민헌이 간행한 중간본에는 이외에도 몇 편의 글이 더 실렸다. 하권에 이정의 「임청대비음臨淸臺碑陰」과 기대승의 「옥천서원기玉川書院記」, 「고승의랑형조좌랑증대광보국숭록대부의정부우의정겸영경연사김선생행장故承議郎刑曹佐郎贈大匡輔國崇祿大夫議政府右議政兼領經筵事金先生行狀」(이하 「김선생행장」) 등의 새로운 글이 실렸다. 모두 초간본 이후에 나온 글인데, 이 중 「김선생행장」에 대해서는 좀 더 설명할 필요가 있다. 행장은 어떤 인물에 대한 기억을 만드는 데 가장 중요한 자료 가운데 하나이기 때문이다.

초간본 『경현록』에도 「행장」이라는 제목으로 김굉필의 행장이 실려 있다. 그 필자는 이적李績(혹은 李勣)이라는 인물이다. 김굉필이 서른 즈음 교육활동을 시작할 무렵에 그에게 배운 '조기문인早期門人' 가운데 한 사람이다. 따라서 스승의 생애에 대해서 누구보다 자세하게 알 수 있는 위치에 있었다. 그는 김굉필의 행장뿐만 아니라 정여창의 행장도 지었다. 두 사람의 행장을 지을 만큼 당대에는 명망이 있는 인물이었던 모양이다. 그러나 후세에는 그리 알려지지는 못했으니, 그의 신분이 서얼이라는 점도 작용했을 것이다. 그가 지은 김굉필의 행장에 대해서 이황은 매우 불만이 많았다. 기대승이 행장을 새로 짓게 된 이유도 이 때문이었다.

이적과 기대승 두 사람이 지은 행장이 어떤 차이가 있는지 구체적으로 설명하기는 쉽지 않다. 이황이 불만을 가졌던 내용이 어떤 것인지도 확실하지 않다. 이적의 「행장」 첫머리에 있는 다음과 같은 서술에서 그 해답을 찾을 수 있지 않을까 짐작할 뿐이다.

> 우리나라는 기자 때부터 비로소 문자가 있었다. 삼국과 고려를 지나 우리 왕조에 이르기까지 문학은 찬란하였으나 도학에 대하여는 들어 본 일이 없었다. 도학을 처음으로 제창한 분은 오직 공 한 사람뿐이다. (중략) 일찍부터 글을 잘한다는 명성이 있어, 경자년의 사마시에 합격하고 크게 분발하여 문장가에 대한 공부를 힘썼는데, 『소학』을 읽다가 곧 깨닫고 시를 짓기를, "『소학』 책 속에서 어제까지의 잘못을 깨달았다."라고 하니, 점필재가 평하기를 "이 말은 성인이 되는 근기다. 노재魯齋(원 나라의 성리학자 허형許衡으로, 『소학』 공부를 강조하였다

— 필자) 이후에 어찌 사람이 또 없으랴."라고 하였다. 공은 개연히 다른 여러 학자의 설을 배척하고 날마다 『소학』과 『대학』의 글을 읽어 이로써 규모로 삼았다. 육경을 탐구하고 성誠과 경敬을 힘써 주장하여 존양성찰存養省察로써 체體를 삼고, 제가치국평천하齊家治國平天下로써 용用을 삼아 대성大聖의 경계에 이를 것을 목표로 삼았다.

기대승의 「김선생행장」에서 위의 내용에 해당하는 부분을 찾아보면 다음과 같다.

선생이 처음에 점필재 김선생에게 글 배우기를 청하니, 김선생이 『소학』을 주면서 말하기를, "진실로 학문에 뜻을 두려고 한다면 마땅히 이 책부터 시작해야 한다. 광풍제월의 기상도 또한 이 밖에 있지 않다."라고 하니, 선생이 정성껏 명심하여 손에서 『소학』 책을 놓지 않았다. 사람들이 혹 시사에 대하여 물으면 반드시 말하기를 "『소학』을 읽는 동자가 어찌 대의를 알겠느냐."라고 하였다. 일찍이 시를 지었는데 "『소학』 글 속에서 이제까지의 잘못을 깨달았다."라는 글귀가 있었다. 점필재 선생이 이를 평하여 "이 말은 곧 성인이 되는 근기이다. 노재 이후에 어찌 사람이 없으랴."라고 하였다. 선생은 뜻을 독실하게 하고 힘써 실천하면서 『소학』으로 몸을 다스렸다.

기대승과 이적의 행장은 어찌 보면 그렇게 큰 차이가 없는 것 같다. 그러나 자세히 살피면 두 글에 보이는 김굉필의 모습이 전혀 다를 수도 있다. 그 첫 번째 차이는 김종직과 김굉필의 관계이다. 기대승의 글에서는 김굉필이 김종직에게 수업하였음을 명확하게 밝히고 있다. 특히 김굉필에게 『소학』 공부의 중요성을 깨우쳐준 스승이 김종직이었다고 하였다. 하지만 이적의 글에서는 사정이 전혀 다르다. 김굉필 스스로 『소학』 공부의 중요성을 깨우쳤다고 했고, 김종직과의 사제관계를 명확하게 드러내지 않았다. 그 결과 "도학을 제창한 분은 오직 공 한 사람뿐이다."라고 할 수 있었던 것은 아닐까?

두 번째 차이는 김굉필의 학문에서 『소학』이 차지하는 비중이다. 이적은 김굉필의 학문을 설명하면서 『소학』뿐만 아니라 『대학』과 육경까지 거론하였다. 이에 비해 기대승의 글에서는 『소학』에만 관심이 집중되어 있다. 그 이외에도 이적의 글 속에서는 한때 과거를 준비하기 위해 열심히 시문詩文 공부를 하던 김굉필의 모습을 엿볼 수 있다. 기대승의 글 속에서는 그러한 모습의 흔적조차 볼 수 없다.

이적은 김굉필에게 직접 교육을 받은 문인이다. 기대승은 김굉필 사후 20여 년이 지나 태어난 인물이다. 그가 「김선생행장」을 지을 때는 김굉필 사후 60여 년이 지난 시기였다. 상식적으로 생각한다면 이적의 글이 훨씬 더 신빙성이 있다. 두 사람의 문장의 우열은 별개의 문제이다. 김굉필에 대한 기억의 정확성만 따진다면 이적의 글이 더욱 믿을 만하지 않겠느냐는 이야기이다. 그러나 김굉필에 대한 후세의 서술은 모두 기대승의 기억을 바탕으로 하고 있다. 스승 김굉필에 대한 이적의 기억이 이황의 학문적 권위에 의해 추인追認받지 못했기 때문이다.

박민헌의 중간본이 간행된 지 40여 년 후인 1618년(광해군 10)에 다시 『경현록』이 중간되었다. 이때 간행을 주도한 인물은 당시 순천부사였던 이수광李粹光이었다. 그는 순천부 읍지인 『승평지昇平志』를 편찬할 정도로 자신이 다스리는 고을에 관심을 두었다. 이 『승평지』에 『경현록』에 관한 내용이 보이는데, 다음과 같다.

> 『경현록』에 실린 한훤 선생의 「유사」에 말하기를, "경신년(1500, 연산군 6)에 어머님이 임금에게 글을 올려 가까운 지역의 도에 귀양을 옮겨 주기를 원하여 마침내 순천부로 옮겼다."라고 하였다. 『유선록』을 살피면, "경신년 여름에 비가 오지 않는데 천둥이 치고 대궐문에 벼락이 쳐 사람을 때렸다. 이에 원통한 옥사를 처리하게 하고, 또 평안도에 부처된 관리들을 양남으로 옮겨 배치하게 하였다. 선생은 순천부로 이배되었다."라고 했다. 또 『경현록』 가운데 늙은 아전 장우동이 말하기를, "조참판은 의주로부터, 김좌랑은 희천으로부터 이 부로 옮겨 배치되었다."라고 하였으니, 『유선록』의 말이 옳은 듯하다.

위의 글은 한훤당의 유배지가 평안도 희천에서 전라도 순천으로 옮겨진 사실을 설명하는 두 가지 기록을 비교하고 있다. 이수광은 그 가운데 『유선록』의 기록이 옳다고 보아 『경현록』의 오류를 바로잡고자 했다. 그리하여 「변오辨誤」라는 항목을 덧붙이고, 이 『승평지』의 내용을 그대로 옮겨 놓았다. 그러나 사실 『유선록』 역시 김굉필의 유배지가 순천으로 옮겨진 이유를 제대로 설명하지 못했다. 실록의 기록에 따르면, 1500년(연산군 6)에 평안도에 극심한 기근이 들었다. 당시 우의정 이극균李克均이 "본도가 흉년들어 굶주리는데, 귀양살이하는 사람들이 모두 사신 및 수령들의 구휼을 받고 있으므로, 이 때문에 도내가 더욱 피폐합니다."라고 아뢰어 평안도에 유배된 인물들을 모두 경상도와 전라도로 이배移配했다고 한다.

이수광의 중간본에는 「변오」와 함께 「속기續記」가 덧붙어 있다. 그 내용은 1575년(선조 3)에 한훤당에게 문경文敬이라는 시호諡號를 내린 사실, 1610년(광해군 2)에 이루어진 문묘 종사, 정유재란 때 불타버린 옥천서원玉川書院의 중건(1604년, 선조 37) 등에 대한 기록이다. 사시賜諡와 문묘 종사는 한훤당 추숭에서 가장 중요한 내용이니 반드시 기록되어야 할 사실이었다. 그러나 이 중간본에 실린 내용은 극히 간략하였다. 제대로 된 기록은 훗날 김하석金夏錫이 『경현속록보유景賢續錄補遺』를 편찬할 때까지 기다려야 했다.

이수광이 순천에서 『경현록』을 중간하기 전인 1604년에 한강寒岡 정구鄭逑가 『경현속록景賢續錄』을 편찬하여 『경현록』의 체제와 내용을 크게 바꾸었다. 그러나 1614년에 정구의 집에 화재가 나면서 그 원고가 불타버려 새로운 『경현록』은 간행되지 못하였다. 그 이후 한동안은 순천간본 『경현록』이 계속 간행되었다. 그러면서 중간될 때마다 조금씩 새로운 내용이 더해졌다. 이수광의 중간본도 그러하였고, 1685년(숙종 11)에 순천부사 이시만李蓍晩이 중간했을 때도 그러하였다. 이 판본에는 「속보續補」라는 항목을 두어 이준경李浚慶이 선조 때 올린 「청종사차請從祀箚」를 실었다. 그리고 그 글의 끝에 이준경의 후손인 이시만의 지문을 실었다.

> 고을에 한훤당의 서원이 있는데, 『경현록』 한 책은 여기에서 간행된 것이다. (중략) 문묘에 종사하려는 의논이 있다가 중지되었는데, 선조 초에 이르러 나의 선조인 충절공忠節公이 위와 같은 차자箚子를 올려 거듭 청하였다. 그런데 홀로 이 책에서 빠지게 된 것은 수집할 때 우연히 미처 알지 못하였기 때문이다. 여기 그 차자를 뒤에 붙여서 그 사실의 참고로 삼는다.

이준경의 차자는 선조 3년 5월에 올린 것으로, 한훤당의 문묘 종사 문제를 다시 거론한 글이다. 위의 글에서 이준경이 한훤당의 문묘 종사를 청했다는 내용과 함께 『경현록』을 고을의 서원에서 간행했다는 내용이 눈길을 끈다. 이 서원은 순천에 있는 옥천서원을 가리킨다. 이정이 『경현록』을 처음 간행한 곳은 순천 관아였다. 이후 박민헌이 중간본을 간행한 곳 역시 순천 관아로 보이는데, 이수광 때는 관아였는지 서원이었는지 확실하지 않다. 이시만이 중간본을 간행하기 이전부터 이미 옥천서원에서 『경현록』을 간행한 것은 확실하다. 순천 관아에 있던 『경현록』 판본이 어느 시점에 옥천서원으로 옮겨졌고, 이후 옥천서원에서 간행이 이루어졌다. 이처럼 순천 관아에서 옥천서원으로 간행 장소가 바뀐 사실은 주목할 필요가 있다. 16세기 이후 한훤당을 추숭한 주체가 조가朝家와 사림士林이라는 점에는 변화가 없지만, 그 중심이 조가에서 사림으로 바뀌었음을 알려주기 때문이다.

3. 한강 정구의 『경현록』 개찬

앞서도 언급한 바와 같이, 정구는 순천간본 『경현록』의 체제와 내용을 크게 바꾸어 새로운 『경현록』을 편찬하였다. 정구가 편찬을 마쳤을 즈음에는 왜란 때 무너진 현풍의 김굉필 서원이 한창 중건되고 있었다. 이 때문에 『경현록』 간행까지는 미처 힘이 미치지 못했던 것으로 보이고, 그 사이 화재가 나서 원고가 불타버렸다. 그러나 다행스럽게도 정구가 『경현록』을 편찬할 때 목차와 그 대략적인 개요를 적은 「수초手草」가 남아 있었고, 또 『경현록』에 실었던 「연보年譜」, 「사우문인師友門人」, 「원재院齋」 등 3편의 글은 따로 보관되어 있었다. 이러한 자료에 의거해 정구가 편찬한 『경현록』의 특징은 충분히 알 수 있다.

정구는 『경현록』을 개찬改撰하게 된 배경을 두 가지로 설명했다. 하나는 김굉필의 사적을 보충하기 위해서고, 또 하나는 편찬 체제를 바로잡기 위해서라고 하였다. 이를 위해 그는 『경현록』을 '본록本錄'과 '속록續錄'으로 나누었는데, 순천간본의 내용을 크게 바꾸어 완전히 새로운 내용의 '본록'을 편찬하였다. 이 '본록'의 가장 큰 특징은 순천간본의 내용 가운데 이황이 편찬한 부분만 남기고 나머지는 모두 '속록'으로 옮겼다는 점이다. 따라서 순천간본의 하권에 있던 조위에 관한 내용은 모두 '속록'에 실렸다. 더구나 조위에 관한 항목을 별도로 설정하지 않고 김굉필에 관한 사실 속에 그 내용을 포함시켰다. 예를 들면, 「매계사실」은 '사우록'에 옮겨 넣고 임청대의 기문은 '서원록'에 옮겨 넣었다. 정구는 『경현록』이 김굉필을 위해 편찬된 것이니 조위와 나란히 포함되어서는 안 된다고 생각했다. 이제 『경현록』은 온전히 김굉필에 관한 기록이 되었다.

한편 정구는 순천간본에 없던 내용을 '본록'에 포함시키기도 했다. 이황의 글 가운데 김굉필을 언급한 내용이 있는 편지 3장張을 '본록'에 포함시켰다. 이황의 편지를 '본록'에 포함시킨 것은 다분히 의도적이었다. 정구는 이황에 의해 재구성된 김굉필의 모습만 '본록'에 남기고자 하였다. 정구의 원고가 불타버렸기 때문에 그가 싣고자 했던 3장의 편지가 어느 것인지는 정확하게 알 수 없다. 뒤에 설명하겠지만, 숙종 때 김하석은 『경현록』을 개찬하면서 이황의 편지 가운데 「답이강이서별지答李剛而書別紙」, 「답노인보서答盧仁甫書」, 「답김돈서(부륜)서략答金惇敍(富倫)書略」 등 3장을 실었다.

이황의 문집 속에는 김굉필과 관련이 있는 내용을 담고 있는 것이 18편이다. 그 가운데 『경현록』 편찬과 관련이 있는 편지가 10편이고, 영봉서원迎鳳書院 건립과 관련이 있는 편지가 7편이다. 나머지 1편은 김굉필의 시 2수에 대한 감상을 적은 글이다. 「답이강이서별지」는 『경현록』 편찬에 관한 내용을 담고 있다. 「답노인보서」는 영봉서원 건립과 관련이 있는 글이며, 「답김돈서서략」은 2수의 시에 대한 감상을 적은 글이다. 이렇게 보면 『퇴계집』에서 김굉필에 관한 내용을 담고 있는 글을 주제별로 1편씩 골라 실은 것처럼 보인다. 아마 정구가 고른 편지도 이와 크게 다르지는 않았을 것으로 보인다.

우선 『경현록』 편찬과 관련이 있는 편지부터 살피면, 이정과 주고받은 글이 7편이었다. 그 가운데 특히 『경현록』에 실린 편지는 어떤 글보다 순천간본이 편찬되는 과정을 자세하게 전해준다. 『경현록』에는 그 편지 전체를 싣지 않고 별지 가운데 일부만 실었다. 『경현록』 편찬 과정에서 정곤수와 김립의 기여, 한훤당의 「가범」에 대한 처리, 점필재와 한훤당이 주고받은 시에 관한 해석과 '점필한훤상이佔畢寒暄相貳'에 관한 견해, 「세계」에서 외손을 싣는 문제, 「남명보록南冥補錄」에 대한 논의 등이 이 편지에 실려 있다. 『경현록』에 실린 내용은 이 중 김종직과 김굉필의 관계와 외손들에 대해 언급한 부분이다.

『경현록』에 인용된 「답이강이서별지」의 중요한 내용은 김종직과 김굉필의 학문상의 차이이다. 이 편지에는 1486년(성종 17) 33세의 김굉필이 당시 이조참판이었던 김종직에게 보낸 시와 김종직의 답시答詩를 소개하고 그 내용을 설명하였다. 그리고 이어서 다음과 같이 말했다.

> 이상 두 편의 시가 이렇게 가고 오고 한 것뿐이었는데, 점필재와 한훤당이 서로 갈렸다(상이相貳)는 추강秋江의 말은, 지금 그것이 언제 어떤 일 때문이었는지 상고할 수 없다. 이제 점필공의 문집을 가지고 본다면 다만 시문을 가장 중요한 것으로 생각하였고 일찍이 도학에는 뜻을 둔 적이 없었다. 한훤당이 이로써 책임을 돌렸으니 아무리 스승과 제자의 분의分義가 중하다 할지라도 뜻과 기절氣節을 같이하여 끝까지 서로 갈라서지 않을 수는 없었다. 어찌 꼭 구체적인 일로 드러나게 서로 배척하여야만 서로 갈렸다고 이를 것인가.

위에서 말한 두 편의 시 가운데 김굉필의 시는 스승이 이조참판이라는 높은 직책에 있으면서 바른 일을 건의하지 않음을 간諫하는 내용으로, 김종직이 화답한 시는 그러한 풍간諷諫을 불쾌하게 여긴 것으로 해석하는 것이 일반적이다. 남효온은 『사우명행록』에서 이 사실을 소개하면서 김굉필이 "이때부터 점필재와 갈라서게 되었다(이어필재貳於畢齋)."라고 하였다.

두 사람의 관계에 대한 이 기록은 후대의 학자들 사이에 논란의 대상이 되었다. 이정은 『경현록』을 편찬하면서 남효온의 기록을 그대로 인용하고서, "선생과 제자 사이에는 분의分義가 매우 엄중한데 『사우록』에서 서로 갈라섰다고 한 것은 의심스럽다."라고 하였다. 기대승 역시 선생과 제자 사이에 틈이 벌어지는 일은 있을 수 없다고 했다. 두 사람이 주고받은 시의 내용을 사람들이 잘못 이해한 것이고, 남효온이 사람들의 의심을 그대로 기록한 것이기 때문에 '이어필재'라는 기록은 믿을 수 없다고 했다. 그러나 이황의 입장은 달랐다. 그는 두 사람이 주고받은 시의 내용보다는 오히려 더욱 근본적인 학문적 차이를 문제 삼았다. '이어필재'는 스승과 제자의 학문이 서로 추향趨向을 달리한 사실을 표현한 것이기 때문에 사제의 분의를 해치는 것은 아니라고 했다. 이황의 이 편지 내용을 통해 재구성되는 김굉필의 모습은 '도학을 처음으로 창도(수창도학首倡道學)'한 '도학자 한훤당'이었다.

「답노인보서」는 더욱 명확하게 '도학자 한훤당'을 떠올리게 한다. 여기서 성주의 영봉서원 건립 과정에서 생긴 사림의 갈등을 자세하게 설명할 여유는 없다. 다만 그 갈등의 중심에 고려시대 성주 출신 유학자인 이조년李兆年·이인복李仁復의 위상과 김굉필의 위상을 둘러싼 인식의 차이가 있었다는 사실만 지적하는 데 그친다. 이황의 인식은 다음과 같다.

> 김선생의 도학 연원淵源에 대해서는 진실로 후학이 감히 추측할 수 없다 할지라도, 이전에 조정에서 추장한 뜻으로 미루어 본다면 단연코 근세 도학의 으뜸이라 할 수 있습니다. 그 두 이공은 각기 그들의 일절一節을 취하여 향현鄕賢으로서 제사드릴 만한 분이라는 데 비교한다면 그 덕업과 영향이 벌써 다른 바가 있습니다. 따라서 존숭하는 취지도 또한 달라지지 않을 수 없는 것입니다. 이런데 사당을 같이하여 함께 제향 한다면 아마 고인을 논하는 사람의 비평이 뒤에 따르는 것을 면하지 못할 것입니다.

위의 글에서 이황은 김굉필의 도학과 이조년 · 이인복의 일절, 즉 충절을 명확하게 대비시켰다. 김굉필은 '도학지종道學之宗' 으로 추숭하면서 다른 두 사람은 향현으로만 인정하였다. 따라서 두 사람을 김굉필의 서원에서 함께 향사享祀하는 데 부정적인 견해를 나타냈다. 그 결과 처음 이조년과 이인복을 향사하기 위해 설립되었던 영봉서원이 중국의 주희朱熹와 정이程頤, 그리고 김굉필을 향사하는 천곡서원川谷書院으로 바뀌게 된다.

마지막으로 「답김돈서(부륜)서략」에는 다음과 같은 내용이

다람재 노방송路傍松 시비詩碑

있다.

김선생의 시의 뜻은 '지나가는 허다한 사람 중에 추운 시기에도 변하지 않는 굳은 지조를 같이할 이가 몇 사람이나 되겠는가.' 라고 한 데 불과한데, 이 말은 정말 의미가 있으며, 정말 덕 있는 사람의 말이 확실하다. 길인吉人의 글은 내용이 많은 데 있지 않고 능히 사람들로 하여금 감개하여 마지않게 하는 것이다.

위의 내용은 한훤당의 「노방송路傍松」이라는 시에 대한 해석이다. 이황은 김굉필의 시에서 순수한 문학적 가치를 읽은 것이 아니라 그 속에 담긴 사람됨을 읽고자 하였다. 그리하여 그 시를 '덕이 있는 사람의 말(덕인지언德人之言)' 로 높였다. 도학자의 작품에는 문인들의 작품과는 다른 기상이 담겨 있으며, 김굉필의 시가 그러한 작품 가운데 하나라고 했다.

이상에서 살핀 바와 같이, 이황이 김굉필과 『경현록』에 관해 쓴 편지의 주제는 여러 가지였다. 그 대부분의 편지에는 도학자로서의 김굉필을 드러내고자 하는 이황의 생각이 포함되어 있었다. 정구가 『경현록』을 개찬하면서 실은 3편의 글이 어떤 것인지는 알 수 없다. 그러나 굳이 이황의 편지를 '본록' 에 실은 의도는 명백하다. 이황의 권위를 빌어 '도학자 한훤당' 의 모습을 명확하게 드러내기 위해서였다.

정구가 개찬한 『경현록』에는 또 하나 주목할 만한 새로운 내용이 포함되어 있었다. '속록' 에 실린 「사우문인록師友門人錄」이 그것이다. 조선 초기의 유명한 유학자들의 문집에는 사우나 문인에 관한 기록이 포함되지 않았다. 『경현록』이 처음 편찬될 때까지만 해도 문인록의 작성은 일반적이지 않았다. 그런 일반적 분위기와는 달리 정구는 「사우문인록」을 작성하여 『경현록』에 싣고자 했다. 그가 작성한 「사우문인록」에는 모두 33명이 실려 있는데, 김종직과 김맹성 등 스승이 2명, 정여창, 남효온, 이심원 등 동문의 벗인 인물이 16명, 이장길, 이적, 조광조 등의 문인이 15명이다.

한 사람의 인간관계에서 학문적 인간관계, 즉 사우관계를 중시하는 것이 정구가 처음은 아니었다. 이황 역시 사우관계를 중시하였고, 이황 이전에도 사우관계를 중시하는 흐름이 있었다. 그 흐름의 출발은 성종 때 남효온의 『사우명행록』까지 거슬러 올라간다. 그 글은 김종직과 그 문인들, 그리고 그 문인들의 벗과 제자들에 대한 내용으로 채워졌다. 당시까지 유학자들의 인간관계는 주로 과거를 매개로 한 고시관과 합격자, 즉 좌주座主 · 문생門生이나 같은 해에 합격한 동년同年과의 관계를 강조하고 있었다. 『사우명행록』은 과거를 매개로 한 인간관계가 아니라 학문을 매개로 한 인간관계를 싣고 있다. 이런 흐름을 이어 김종직의 손자인 김뉴金紐가 1580년(선조 13)에 할아버지의 「문인록」을 편찬했다. 그러나 이 문인록이 『점필재집』에 실린 것은 1789년(정조 13)에 보판본補板本을 간행할 때부터였다.

이정이 처음 『경현록』을 편찬할 때 김굉필의 「사마동년록司馬同年錄」, 즉 같은 해 생원시에 합격한 사람들의 명단을 넣자는 의견이 있었다. 그러나 이황의 반대로 실리지 않았다. 이황은 선비들의 인간관계는 정치적 관계가 아닌 학문적 관계여야 하며,

그 학문은 과거와는 관계없는 도학이어야 한다고 생각했다. 이황은 누구보다 도학을 매개로 한 사우관계의 중요성을 강조하였다. 정구가 김굉필의 「사우문인록」을 『경현록』에 포함시킨 배경에는 이러한 이념적 전환이 놓여 있었다. 그리고 여기서 주목할 것은 남효온의 『사우명행록』과 김종직의 「문인록」에 등장하는 인물이 김굉필의 「사우문인록」에 등장하는 인물들과 많이 겹친다는 사실이다. 이 기록들 속에 반복적으로 등장하는 인물들을 중심으로 한 사회적 인간관계를 일반적으로 사림파라는 개념으로 설명한다. 이제 김굉필은 한 사람의 도학자일 뿐만 아니라 사림파로 불리는 인간집단의 일원으로서의 위상까지 갖게 되었다.

정구가 남긴 '원재록院齋錄' 역시 이러한 인간관계와 밀접한 관련이 있다. 훗날 간행된 『경현록』의 「서재書齋 · 서원書院 · 사우祠宇」라는 항목이 이 '원재록'에 해당한다. 김굉필이 학문을 닦던 곳, 학생들을 가르치던 곳, 그의 학덕을 기리는 곳 등에 관한 기록을 정리한 내용이다. 그 항목에 실린 원재로는 합천의 한훤당, 현풍 솔례방의 서재, 성남별서, 미원별서, 현풍의 보노동서원, 성주의 천곡서원, 순천의 경현당, 옥천서원과 임청대, 희천의 희천서원, 양근의 미원서원, 평양의 이현당 등이 있다. 이들 원재에 대한 설명은 매우 자세한 것도 있고 극히 소략한 것도 있다. 그러나 그곳이 모두 김굉필의 강학이나 교육과 관련이 있다는 점에서는 차이가 없다. 그의 강학과 교육이 이루어진 곳에서 사림파로 불리는 지식인들이 자라났고, 이들은 김굉필 사후 그를 기리는 건물들을 지었다.

4. 도동간본『경현록』의 편찬

앞서 이야기한 바와 같이, 정구가 개찬한『경현록』은 현존하지 않는다. 그 뒤에 편찬 · 간행된 도동간본을 통해서 어느 정도 살펴볼 수 있을 뿐이다. 현재 널리 보급되어 있는 6권 3책의『경현록』이 그 책이다. 이 도동간본을 편찬한 이는 김굉필의 후예인 김하석金夏錫(1638-1687)이다. 김하석은 1678년에 정구의「수초手草」를 접했고, 이를 계기로『경현록』을 다시 편찬하기 시작했다. 그는 정구의 '본록'과 '속록' 체제를 그대로 따라 각각『경현록』과『경현속록景賢續錄』이라는 제목으로 편찬했다. 그리고 정구가 편찬한 이후에 나온 자료들은 따로 모아『경현속록보유景賢續錄補遺』라는 제목을 붙였다. 그리하여 각각 2권씩, 도합 6권의『경현

도동간본 『경현록』 3책

록』을 3책으로 나누어 간행하였다. 이 『경현록』은 도동서원에서 간행되었기 때문에 도동간본이라 부른다. 도동간본의 정확한 간행 시기는 알 수 없다. 순천간본이 마지막으로 간행된 시기가 1685년이니, 빨라도 그 이후에 간행되었을 것이다.

3책의 도동간본 가운데 앞의 2책의 편찬체제와 그 내용은 이미 정구에 의해 정해진 것이었다. 나머지 1책, 즉 『경현속록보유』에 실린 내용만 새로운 것이었다. 「사우문인」이라는 항목에는 정구의 「사우문인록」에 실리지 않았던 벗이나 문인들이 실렸다. 이계맹, 김일손, 최부, 이정은, 이총 등은 김굉필의 벗이고, 김안국과 우성윤의 3형제 등은 김굉필의 문인이다. 「서원」이라는 항목에는 정구 사후에 세워진 합천의 이연서원, 거창의 도산서원, 상주의 도남서원 등이 실렸다. 현풍의 도동서원에 관한 내용도 실렸다. 정구가 『경현록』을 개찬할 때는 보노동서원이라 했으나 1607년(선조 40)에 도동으로 사액된 사실과 정구를 배향한 사실 등을 함께 적었다. 희천의 양현사에 관한 「양현사기兩賢祠記」, 희천서원의 사액에 관한 내용을 담은 「상현서원기象賢書院記」도 함께 실렸다.

『경현속록보유』의 내용 가운데 가장 특징적인 것은 「종사從祀·반교頒敎」라는 항목이다. 정구가 『경현록』을 개찬할 때는 아직 김굉필이 문묘에 종사되기 이전이니 그에 관한 사실이 실릴 수 없었다. 광해군 2년 김굉필이 문묘에 종사되었고, 그 이후에 편찬된 『경현속록보유』에는 문묘 종사와 관련 있는 기록들을 모아 놓은 항목이 반드시 들어가야 했다. 「종사·반교」라는 항목의 서두에 광해군 2년 7월 18일에 김굉필을 비롯한 다섯 사람을 종사하도록 명했다는 사실을 밝히고는, 그 앞서 6월 6일에 사헌부와 사간원 양사兩司가 합계하여 종사를 청한 사실부터 정리하였다. 양사의 합계에 "대신에게 의논하여 아뢰라."는 비답이 있었고, 이어 대신들이 오현의 문묘 종사를 주장하는 내용이 실려 있다. 그들의 의견에 따라 문묘 종사가 결정된 이후에는 종사하는 의절을 마련하는 일에 관해 기록하였다. "유신儒臣으로 하여금 고례를 널리 상고하게 하여 참작해서 거행하라."는 명에 따라 홍

문관에서 의절을 상고하였다. 그러나 중국의 기록에서는 문묘 종사의 의절을 찾지 못하여 결국 "예관禮官을 보내 교서敎書를 갖추어 그 가묘家廟에 치제致祭하고, 또 문묘에 제사하여 사유를 고하는 것"으로 결정하였다. 8월 16일에 예조정랑 금개琴愷를 보내어 가묘에 치제하면서 문묘에 종사하는 사유를 고하였으며, 9월 4일에 문묘 동무에 종사하였다. 이처럼 문묘 종사가 결정되어 동무에 종사되기까지의 과정을 자세하게 밝힌 내용을 싣고는, 이어서 대제학 이정구李廷龜가 지어 올린 「반교중외교문頒敎中外敎文」을 실었다.

도동간본 『경현록』의 가장 큰 의의는 문묘 종사에 관한 사실까지 포함하고 있다는 점에서 찾아야 할 것이다. 문묘 종사가 이루어지기 이전과 이후의 김굉필의 역사적 지위는 전혀 다르다. 문묘 종사 이후 김굉필의 도통론적 지위는 더 이상 논란의 여지가 없이 확정되었다. 그리고 『경현록』에 이 사실을 실어 김굉필의 도통론적 지위를 명확하게 보여주는 기록을 완성하였다. 문묘 종사가 이루어진 이후에 지어진 장현광의 「신도비명神道碑銘」이나 김세렴의 「묘갈墓碣」을 실은 것 역시 마찬가지 의미이다. 묘갈의 첫머리에 실린 내용을 소개하면 다음과 같다.

> 중종조中宗朝에 한훤 김선생에게 특별히 의정부 우의정을 증직하였고, 선조조에 시호를 문경공으로 내리고, 광해 때에 비

로소 서울과 시골 유생의 상소로 인하여 문묘에 종사하게 하고, 묘소 밑에 있는 서원에 도동이라는 편액을 내렸다. 대저 우리나라는 수천백 년 동안 참다운 학자가 없다가 선생에 이르러 큰 근원을 밝히어 우리 도가 해와 별같이 빛났기 때문에 국가에서 표창하여 높이는 것이 이에 이르러 극진하였던 것이다.

김굉필에 대한 국가적 추숭을 내세워 그의 학문적 권위를 높이고 있다. 문묘 종사는 그 국가적 추숭의 정점이라 할 수 있다.

김하석은 도동간본 『경현록』을 편찬하면서 「유사추보遺事追補」라는 항목에 다음과 같은 글을 실었다.

정덕 정축년(1517, 중종 12) 2월에 조정암이 중종에게 아뢰기를, "선비의 기풍이 퇴패하니 이보다 더 큰 걱정이 없습니다. 어찌 이를 변화시키는 방법이 없겠습니까. 김굉필과 정여창 같은 이를 포장하면 유학을 부식扶植시킬 수 있습니다."라고 하였다.

그리고는 다음과 같은 안설按說까지 붙였다.

살피건대, 정축년 8월 이후에 정부와 옥당에서 번갈아 아뢰어 관작을 높이고 시호를 올리고 문묘에 종사하기를 청하였으니, 정암의 이 한 번의 아룀이 발단이 된 것이다.

위의 안설을 보건대, 김하석은 조광조의 발언을 실어 김굉필과 조광조의 관계를 강조하고자 하였다. 이는 김굉필의 도통론적 지위를 더욱 뚜렷이 드러내는 효과를 노린 것으로 보인다. 『경현록』을 통해 김굉필－조광조로 이어지는 조선조 도학의 정통을 드러내려는 의도였다.

도동간본이 이전의 『경현록』과 다른 점은 문묘 종사에 관한 내용을 싣고 있다는 점에 그치지 않는다. 또 하나의 중요한 변화는 그 편찬 주체가 변하였다는 점이다. 그 이전에 이정, 이황, 정구 등이 『경현록』을 편찬했을 때, 그 편찬 주체는 사림이었다. 정구의 경우는 김굉필의 외증손이기에 혈연적 관계가 전혀 없지는 않다. 그러나 정구에게 김굉필은 선조先祖이기에 앞서 선현先賢이었다. 이 점은 그가 정여창에 관한 기록인 『문헌공실기文獻公實紀』도 함께 편찬하였다는 사실만으로도 확인할 수 있다. 이에 반해 김하석에게 김굉필은 선현이기에 앞서 선조였다. 그는 사림의 일원이기에 앞서 김굉필의 후예라는 입장에서 『경현록』에 관심을 보였다.

『경현록』 편찬에 김굉필의 후예가 관여하기 시작한 것은 그의 손자인 김립 때부터였다. 그러나 김립이 편찬 주체는 아니었다. 이황은 이정이 보내온 원고를 보충하기 위해 김립에게 새로운 자료를 요청했다. 이때 김립이 보낸 자료 가운데는 세계世系와 관련된 내용이 많이 포함되어 있었다. 이황은 이 자료 가운데 일부분만 선택하여 『경현록』의 「세계」 항목을 보충했다. 순천간본이 몇 차례에 걸쳐 중간될 때의 간행 주체는 물론이고, 새로운 내용을 보충한 주체 가운데 김굉필의 후예는 한 사람도 없었다. 그 이후 정구가 『경현록』을 개찬할 때 김굉필의 후예가 어떤 역할을 했는지는 알려진 바가 없다. 실제 관여한 후예가 없었던 것으로 보이지만, 만약 있다고 하더라도 정구의 역할에 비한다면 무시해도 좋을 정도였을 것이다. 이처럼 김하석 이전에는 『경현록』의 편찬 주체가 사림이었다. 그러나 김하석에 이르면 『경현록』 편찬은 사림 전체의 관심 대상에서 서흥김씨 문중의 관심 대상으로 바뀌기 시작하였다.

김하석이 편찬한 『경현록』은 도동서원에서 간행하였다. 그 이전까지 『경현록』은 순천 관아 혹은 순천의 옥천서원에서 간행되었다. 그러나 도동서원에서 『경현록』을 간행하기 시작하면서 사정은 달라졌다. 도동서원도 처음에는 현풍의 사림들이 운영했으나 시간이 흐르면서 서흥김씨 문중의 역할이 커져갔다. 김하석이 처음 『경현록』을 편찬했을 때 도동서원의 운영 주체가 현풍의 사림이었는지 서흥김씨 문중이었는지는 확인할 수 없다. 확실한 것은 언제부터인가 서흥김씨 문중에서 도동서원의 운영을 맡게 되었고, 그 도동서원에서 『경현록』을 중간하고 있었다는 사실이다.

5. 『국역경현록』의 보급

『경현록』의 편찬과 간행의 주체가 김굉필의 후예로 바뀌어 가는 사정은 이후 『경현부록景賢附錄』의 편찬을 통해서도 뚜렷하게 드러난다. 이 책의 존재는 1970년에 『국역경현록國譯景賢錄』을 간행했을 때 그 속에 실려 처음으로 알려졌으나, 이미 19세기 초에 편찬된 책이었다. 그 편찬에 관여한 이들은 김굉필의 10대손인 김대곤金大坤(1783-1816)과 그의 아들 석보錫輔(1814-1875), 손자 규화奎華(1837-1917) 등이었다. 이 책에 실린 주된 내용은 양희지楊熙止와 반우형潘佑亨 두 사람에 관한 것이다. 양희지는 한훤당의 벗으로, 반우형은 문인으로 등장한다.

여기서 한 가지 지적하고 넘어가야 할 문제가 있다. 이 『경현부록』에는 역사적 사실과 어긋나는 내용이 실려 있다는 점이다. 특히 김굉필이 반우형에게 준 「한빙계寒氷戒」라는 글이 문제가 된다. 『국역경현록』이 보급된 이후 『경현부록』에 실린 「한빙계」는 김굉필의 사상을 보여주는 아주 중요한 자료로 취급되었다. 어느 누구도 「한빙계」가 실제 김굉필의 글인지에 대해서는 의문을 갖지 않았다.

반우형의 문집인 『옥계집玉溪集』은 반우형 사후 350여 년이 지난 1881년에 간행되었다. 「한빙계」는 이 『옥계집』 속에 실려 있다. 『옥계집』 속에는 『경현부록』에 실린 내용 이외에도 김굉필과 반우형의 관계를 알려주는 기록이 더 있다. 『옥계집』 간행의 가장 중요한 목적이 김굉필과 반우형의 사제관계를 알리기 위해서라고 보아도 좋을 정도이다. 그 기록들을 살펴보면 많은 의문점이 발견된다. 한 가지 예를 들면, 『옥계집』에는 정광필鄭光弼이 지은 반우형의 신도비명이 있다. 이 글에 보이는 반우형의 생애는 실록을 통해 확인할 수 있는 그의 생애와 전혀 맞지 않는다. 그럼에도 불구하고 이런 글을 싣고 있는 『옥계집』의 사료적 가치에 대해 누구도 의문을 표시하지 않았다. 「한빙계」를 김굉필에 관한 자료로 이용하기 위해서는 반드시 엄밀한 실증적 검토를 거쳐야 한다.

여기서는 『경현부록』의 내용에 관한 더 이상의 논의는 접어두고 『경현부록』 편찬의 주체에만 관심을 갖도록 한다. 19세기

즈음에 『경현록』의 내용을 새롭게 만드는 일은 김굉필의 후예의 몫이었다는 사실만 주목하면 충분하다. 19세기는 조선의 양반사회 전체가 문중 단위로 나뉘고, 그 문중과 문중의 결합으로 사회가 구성되던 시기였다. 따라서 어느 누구도 서흥김씨 문중 사람들만큼 『경현록』에 관심을 기울이지는 않았다. 다른 문중 사람들은 자신들의 선조를 현창하는 데 힘을 쏟고 있었다. 김굉필에 대한 새로운 자료를 수집하고, 김굉필을 추숭하는 일은 오롯이 서흥김씨 문중의 일이 되어갔다. 『경현부록』이 바로 그 결과물이었다.

『경현부록』을 싣고 있는 『국역경현록』은 서흥김씨 문중에서 한훤당선생기념사업회의 이름으로 편찬·간행하였다. 이 책의 가장 큰 특징은 제목에서 알 수 있듯이 국역이 되었다는 점이다. 시대 상황에 맞추어 한문 원문의 보급이 갖는 한계를 극복하기 위해서였다. 1984년에는 이 『국역경현록』의 오자誤字를 바로 잡고 약간의 내용을 고치고 덧붙여 증보판을 간행하였다. 현재는 이 책을 통해 김굉필에 대한 기억이 가장 널리 보급되고 있다.

『국역경현록』은 기왕의 도동간본 『경현록』과 『경현부록』을 그대로 싣고, 그 이외에 김굉필에 관한 자료들을 광범위하게 수집하여 덧붙였다. 새로 포함된 내용은 크게 두 부분으로 나뉘는데, 하나는 '한훤당관계문헌초록寒暄堂關係文獻鈔錄'이라는 제목이, 또 다른 하나는 '한훤당관계조선왕조실록초존寒暄堂關係朝鮮王朝實錄鈔存'이라는 제목이 붙어 있다. 전자는 조선 시대의 국가 편찬물이나 문집 가운데서 김굉필과 관련이 있는 기록들을 골라 실었고, 후자는 오로지 실록에 실린 김굉필 관련 기록을 싣고 있다.

『국역경현록』에 실록의 기사를 대부분 실을 수 있었던 것은 그 한 해 전인 1969년에 도동서원에서 간행한 『경현속록증보景賢續錄增補』 덕분이었다. 이는 김굉필의 18대손인 은영殷永이 편찬한 책으로, 실록과 기타 문헌에 실린 김굉필 관련 자료를 공들여 찾아 『경현록』을 보완한 것이다. 이처럼 『경현부록』이나 『경현속록증보』를 편찬하고, 『국역경현록』에 새로운 내용을 덧붙인 이는 모두 서흥김씨 문중의 사람들이었다. 김굉필의 후예로서 선조에 관한 자료를 정리하기 시작한 이는 김하석이었다. 그가 도동간본 『경현록』을 편찬한 이후, 김굉필에 대한 기억은 서흥김씨 문중의 노력에 의해 유지되고 풍부해졌다.

小學世鄕

제4장 한훤당을 기리는 건축

1. 한훤당을 모신 서원들

1543년(중종 38) 풍기군수 주세붕周世鵬이 세운 백운동서원白雲洞書院이 조선 시대 서원 설립의 시작이었다. 그 지역 출신인 안향安珦의 사당을 세우고 제사를 지냈다. 명종 때는 이황의 건의로 소수서원紹修書院으로 사액되어 국가로부터 서적을 하사받고 면세와 면역의 혜택도 누리게 되었다. 이후 많은 서원들이 설치되어 그 지역과 연고가 있는 유현의 향사와 학생 교육을 담당하였다. 선조 무렵에는 이미 서원이 유현을 추숭하는 가장 보편적인 방법으로 자리잡았다. 이런 추세 속에서 당연히 김굉필을 추숭하는 서원도 그와 연고가 있는 전국 각지에 세워졌다. 조선 시대에 김굉필을 향사한 서원의 숫자는 15개 정도로 알려져 있다. 그

중에는 이미 없어진 것도 있고, 북한 지역에 있어서 그 존재를 확인할 수 없는 것도 있다. 김굉필을 모신 서원들 가운데 현존하거나 혹은 문헌으로 고증할 수 있는 서원을 중심으로 간략하게 소개한다.

(1) 옥천서원

김굉필을 모시는 최초의 서원은 1565년(명종 20)에 유배지인 순천에 세워진 옥천서원玉川書院이다. 순천부사로 부임한 이정李楨은 김굉필을 기리기 위해 경현당景賢堂이라는 건물을 지었다.

옥천서원

이에 부중의 유생들이 경현당의 수호를 내세워 경현당 옆에 학교를 짓기를 청하였다. 처음에는 강당을 옥천정사라 하고, 지도재志道齋와 의인재依仁齋라는 동·서재를 두었다. 그리고 먼저 세워진 경현당을 사당으로 삼아 한훤당의 위패를 모셨다. 1568년(선조 1)에 당시 순천부사 김계金啓가 소를 올려 사액을 청했고, 옥천서원의 액호와 아울러 서적을 하사받았다. 그러나 1597년 정유재란 때 왜군이 전라도에 침입하면서 불타버렸다. 1604년에 다시 지었고, 그 후 몇 차례 중수되었다. 1868년 홍선대원군의 서원 철폐령으로 훼철되었다가, 1928년 유림들에 의해 다시 세워졌다.

(2) 쌍계서원

순천에 옥천서원이 건립되고 3년이 지난 1568년에는 김굉필의 고향인 현풍에도 서원이 세워졌다. 읍치에서 동쪽으로 2리쯤 되는 곳에 세웠는데, 앞에 두 개울이 동쪽과 북쪽으로부터 흘러든 까닭에 명칭을 쌍계서원雙溪書院이라고 하였다. 강당은 중정당中正堂, 동·서재는 거인재居仁齋·거의재居義齋라 하였고, 또 구용료九容寮, 구사료九思寮, 사물료四勿寮, 삼성료三省寮 등의 건물이 있었다. 서원의 문은 환주喚主라는 이름을 붙였다. 서원과는 별도로 양정재養正齋를 두고 어린 학생들을 가르쳤다. 서원 앞을 흐르는 시냇가에 정자를 짓고 명칭을 조한照寒이라고 했다. 이는 선생의

「서회書懷」라는 시에 "다만 밝은 달을 불러 홀로 지내는 쓸쓸함을 비춘다[只呼明月照孤寒]."라는 구절에서 따왔다. 1573년(선조 6)에 경상감사의 장계狀啓에 의해 사액과 동시에 서적을 하사받았다. 그 후 임진년 병화에 불타버렸다가 1604년(선조 37)에야 읍치 서쪽 15리의 오설면烏舌面 도동道東 송추松楸 아래로 옮겨 중건되었다. 이때 서원의 이름을 보로동甫老洞으로 부르다가 1607년(선조 40)에 도동道東으로 사액되었다. 대원군이 서원을 철폐할 때 김굉필을 모시는 서원 가운데는 이 도동서원만 남겼다. 이 서원에 대해서는 별도의 항목에서 자세하게 설명하려 한다.

(3) 천곡서원

1558년 성주목사 노경린盧慶麟이 성주의 대족인 성주이씨 등 향내 사림들의 요청을 받아들여 건립하였다. 영봉산迎鳳山 기슭 옛 절터에 터를 잡아 이듬해 완공하고, 편액을 영봉서원이라 하였다. 1568년에는 서원의 명칭을 바꾸었는데, 정구가 이황에게 품의하여 성주에 소재한 이천伊川과 운곡雲谷의 지명을 한 자씩 따 천곡川谷으로 명칭을 삼았다. 임난 때 불타버려 1602년에 다시 향중 사림과 지방관이 협력하여 중건하고, 이어 1606년에 다시 사액을 받았다.

앞서 설명한 바와 같이, 영봉서원이 천곡서원으로 바뀐 데는 당시의 사회적 · 사상적 변화가 크게 영향을 미쳤다. 처음 영봉서원을 건립할 때는 성주이씨의 선조인 이조년과 이인복을 향사하려고 하였다. 그 후 김굉필의 처가가 성주에 있고, 김굉필이 성주에 자주 들렀다는 이유로 함께 합사하기로 하였다. 세 사람의 합사가 결정된 후 그들 사이의 위차를 둘러싸고 논란이 생겼고, 또 이조년의 영정에 그려진 염주가 시비의 대상이 되었다. 몇 차례의 논란을 거쳐 성주에 이천과 운곡의 지명이 있다는 이유로 정이(이천伊川)와 주희(운곡雲谷)를 주향으로 하고, 김굉필을 종향從享하는 것으로 결정되었다. 이조년과 이인복은 서원 부근에 따로 충현사忠賢祠를 세워 향사하였으나, 선조 초년에 성주이씨 문중에서 별도로 안봉영당安峯影堂을 세워 향사하였다. 이런 우여곡절 끝에 천곡서원은 성주 지방에서 김굉필을 향사하는 서원으로 자리잡았다. 대원군 때 훼철된 이후 복원되지 못했다.

(4) 상현서원

김굉필은 순천 땅으로 귀양 가기 전에는 평안도 희천에서 유배 생활을 했다. 그곳에서 김굉필은 조광조라는 뛰어난 제자를 가르쳤다. 순천의 선비들이 김굉필의 서원을 세웠듯이, 희천의 유림들도 김굉필을 향사하는 건물을 짓고자 했다. 1576년(선조 9)에 평안감사 김계휘金繼輝가 희천에 이르니, 고을 선비인 훈도訓導

김흠金欽 등이 김굉필과 조광조 두 사람의 사당을 짓기를 청했다. 김계휘가 군수와 의논하고 고을 선비들에게 물어서 향교의 옆에 터를 정하고 이듬해 사당을 완공하고 양현사兩賢祠라 하였다. 1602년(선조 35)에 당시 희천군수 최동망崔東望이 양현사를 새로 짓고, 아울러 공부하는 건물까지 완성하였다. 흔히 희천서원이라고 부르는 서원은 이 양현사를 가리키는 것이 아닌지 모르겠다. 그 후 1608년(선조 41)에 목장흠睦長欽이 평안도 어사로 나가 양현사의 일을 아뢰자, 상현象賢이라 사액하였다. 『서경書經』에 있는 '덕을 높이고 어짊을 본받는다.' 라는 구절, 즉 '숭덕상현崇德象賢' 의 뜻을 취한 것이다. 정묘·병자호란을 거치면서 이 서원은 불타버렸다. 이후 1669년(현종 10)에 민유중閔維重이 평안도 관찰사가 되어 중건하였다.

(5) 이연서원

합천은 김굉필이 장가들어 생활한 곳이고, 그의 서재 한훤당이 있던 곳이다. 이곳에도 서원이 세워져 이연서원伊淵書院이라 하였다. 『경현속록보유』의 기록에 따르면 그 연혁은 다음과 같다.

> 이연서원은 합천군 야로현 이천伊川 주학정住鶴亭에 있는데, 말곡末谷에서 15리쯤 된다. 정자의 남쪽에 옛날 점필재 선생의

> 집이 있었는데, 한훤당 선생이 문하에 왕래할 때 정일두鄭一蠹와 이 정자에서 서로 모였다. 숭정 연간(1628~1644)에 고을 선비들이 의논하기를, "선생의 서재 옛터가 말곡 땅 동암東岩에 있으니, 마땅히 그곳에 서원을 세워야 하겠으나, 길이 궁벽하며 멀고 산길이 되어 험하다. 학정도 또한 선생이 도학을 강론하던 곳이니 상모想慕하고 향사享祀하기에 더욱 친절하다."라고 하여 드디어 여기에 세웠다. 정당은 명성明誠, 동재는 존양存養, 서재는 진수進修, 문은 조도造道라 하였다. 사판祠版을 모시고 아울러 일두를 향사하였다. 현종 경자년(1660)에 이연伊淵으로 사액하였다.

위의 기록에 따르면, 이 서원은 인조 연간에 합천의 선비들이 세웠다. 이 서원에서는 김굉필과 함께 정여창을 향사하였다. '지동도합志同道合'한 두 사람의 사귐을 드러내기 위해서였다. 1660년(현종 1)에 이연이라 사액되었으나, 고종 때 훼철된 이후 복원되지 못하였다. 지금은 3칸의 강당만 남아 있다.

(6) 도산서원

김굉필과 정여창 두 사람을 함께 향사하는 또 다른 서원으로는 거창군 가조현加祚縣(현재 가조면)의 도산서원道山書院이 있었다.

1659년(효종 10) 무렵에 거창 선비들이 세웠는데, 1661년(현종 2)에 도산으로 사액되었다. 1662년에 사액되었다는 기록도 있다. 서원을 세우면서 사액을 청하는 소를 올렸는데, 그 내용 가운데 이곳에 서원을 세운 이유를 설명하는 부분이 있다.

> 두 선정신先正臣이 모여서 도를 강론하던 곳이란 바로 신들이 살고 있는 고을(거창 – 필자) 오도산吾道山에 있는 산제동山際洞이 바로 그곳입니다. 성묘 갑인년(1494, 성종 25) 당시에 일두는 안음安陰의 현감으로 있었고 한훤당은 집이 합천에 있었는데, 이 산은 두 곳의 중간이 되는 데다 산수의 경치가 아름다웠습니다. 그러므로 5, 6년 동안 여러 차례 약속을 하고 이곳에서 만나 2, 3일씩 노닐면서 조용히 이야기를 나누었으며, 못 만나면 열흘도 되지 않아 혹 영영 이별하는 것은 아닐까 걱정하였습니다. (중략) 두 선정신이 떠나신 후에 산은 더욱 높아지고 물은 더욱 깨끗해졌는데, 이곳을 오가는 사람들 모두 경모하는 마음을 느끼고 있습니다. 그러니 사우祠宇를 세울 곳을 찾고자 한다면 이곳을 놓아두고 어디에서 찾겠습니까?

앞서 본 이연서원과 마찬가지로 김굉필과 정여창, 두 분이 교유하던 곳이라는 명분을 들어 이곳에 서원을 세웠다. 이 서원은 건립할 때부터 거창 출신인 동계桐溪 정온鄭蘊을 배향하였다.

고종 때 훼철된 이후 복원되지 못하고 지금은 터만 남아 있다.

(7) 경현서원

이제까지 살펴본 모든 서원들은 어떤 내용으로든 한훤당과 연고가 있는 지역에 설립된 것이다. 한훤당을 향사하는 서원 가운데는 아무런 연고가 없는 곳에 설립된 것도 있었다. 나주에 있는 경현서원景賢書院이 그러한 곳 가운데 하나였다. 학봉鶴峰 김성일金誠一이 나주목사로 부임해 온 이듬해인 1584년(선조 17)에 이 곳 사림인 나덕준羅德峻·덕윤德潤과 함께 성의 서쪽 5리에 있는 대곡동에 서원을 건립하였다. 이때 강당을 비롯하여 동·서재를 갖추고 금양서원錦陽書院이라고 하였는데, 사우는 미처 건립하지 못한 상태였다. 김성일은 그 후 틈나는 대로 서원에 들어 제생들과 강론하고 성적을 매기는 등 교육에 힘썼다. 김성일 후임으로 임윤신任允臣이 부임해 왔는데, 그의 원조로 1587년(선조 20)에 사우가 건립되었다. 김굉필·정여창·조광조·이언적·이황 등 '오현五賢'을 향사하였으므로, 서원의 명칭도 오현서원五賢書院으로 바꾸었다. 이어 1608년(광해군 1)에는 당시 목사 목장흠의 주도로 서원을 중건하고, 이듬해 유생 김선金璇의 상소로 경현으로 사액되었다.

나주라는 지역은 경현서원에 모신 이 다섯 사람과 아무런 연관이 없다. 서원이 전국 각지에 세워지기 시작하면서 나주 지역의 사림들도 서원의 필요성을 느꼈겠지만, 당시에는 이 지역과 연고가 있는 선현이 없었다. 따라서 향사 대상은 가장 보편적인 인물들을 택할 수밖에 없었고, 그 결과 오현이 모셔졌다. 아직 오현의 문묘종사가 실현되기 이전이었음에도 불구하고 아무런 연고도 없는 곳의 서원에 모셔질 수 있었던 것은 이들에 대한 추숭이 이미 일반적이었음을 말해준다.

(8) 도남서원

김굉필과 지역적인 연고가 없으면서도 한훤당을 향사하는 서원이 세워진 또 다른 고을로는 상주가 있다. 1606년(선조 39), 상주 읍치에서 20리쯤 되는 곳에 세워진 도남서원道南書院에서는 김굉필과 함께 정몽주 · 정여창 · 이언적 · 이황 등 다섯 분을 향사한다. 이곳에 이러한 서원이 세워진 이유는 서원 건립을 주도했던 우복愚伏 정경세鄭經世의 글 속에서 찾을 수 있다.

> 우리나라의 도학은 정포은에서 시작되고 이퇴계에 와서 집성되었는데, 그 중간에 김한훤당, 정일두, 이회재와 같은 여러 선생이 서로 일어나서 수사염락洙泗濂洛의 도학을 밝히어 사문으로 하여금 오랑캐와 금수가 됨을 면하게 한 것은 추호도 그

들이 끼친 혜택이 아님이 없습니다. 그 출생한 곳이 또 모두 우리 영남의 한 도 안에 있으니, 우리들 후생이 기뻐 사모하고 사랑하고 공경하는 정성이 먼 지방에서 풍성風聲만 듣는 것과는 비교가 되지 않습니다. (중략) 하물며 우리 고을은 영남의 상류에 있어서 영남의 큰 고을이 되니, 영남의 유현을 합하여 제사해서 영남의 사대부에게 모범이 되게 하는 데에는 여기보다 더 좋은 곳이 없습니다.

상주 지방에 도남서원이 세워진 이유도 나주의 경현서원과 비슷했다. 그 당시 상주는 정경세라는 뛰어난 유학자를 배출하였다. 그는 상주의 유교문화를 발달시키기 위해서 서원을 건립할 필요를 느꼈으나 그 서원에 모실 적당한 유현을 구할 수 없었다. 상주와 지역적 연고를 가진 선현이 없었으므로, 상주가 영남을 대표하는 고을이라는 점에 착안하여 지역적 연고의 범위를 영남으로 확대했다. 한훤당을 비롯한 다섯 분을 함께 향사하는 서원이 상주에 건립된 연유이다. 도남이라는 서원의 액호는 이런 사실을 드러내는 이름이다. 1676년(숙종 2)에 도남이라는 이름 그대로 사액되었다. 대원군에 의해 훼철되었으나, 최근에 복원되어 온전한 모습을 갖춘 서원으로 남아 있다.

이들 8개 서원 이외에도 김굉필을 향사하는 서원이 더 있었다. 서흥군의 화곡花谷서원, 연안군의 비봉飛鳳서원, 은율군의 반곡盤谷서원, 황주군의 백록동白鹿洞서원은 모두 황해도에 있던 서원이다. 김굉필의 본관이 서흥군이라는 사실로 김굉필과 황해도의 연고를 내세워 설립한 서원들이다. 이들 서원은 모두 율곡栗谷 이이李珥를 함께 향사하고 있다. 조선시대 황해도 지역은 서인들의 세력권이었다. 이 지역에서 김굉필을 향사하는 서원을 세운 이들 역시 서인들이었기 때문에 김굉필과 이이를 함께 향사하는 서원을 설립하였다. 충남 아산시에 있는 인산仁山서원에서도 김굉필을 향사하고 있다. 이 서원에는 '동방오현'과 함께 이 지역과 연고가 있는 유현들을 향사한다.

2. 도동서원

1) 연혁과 경관

도동서원은 1604년(선조 37)에 읍치 서쪽 15리의 현풍 오설면 도동 송추 아래에 건립되었다. 현재 주소는 대구광역시 달성군 구지면 도동리 35(구지서로 726)이다. 처음에는 보로동서원으로 부르다가 1607년(선조 40)에 도동으로 사액되었다. 도동서원 역시 이 시기 다른 서원과 마찬가지로 사림의 공론에 의해 건립이 추진되었고, 김굉필의 내외손 및 고을 사림이 힘을 합쳤다. 그 과정에서 감사를 비롯해서 현풍과 인근 고을 지방관들의 적극적인 협조도 있었다. 특히 이 서원의 건립 과정에서는 정구의 역할이 컸다. 그는 터를 잡고 건물을 앉히는 일부터 서원 건립에 필요한 인력과 물력을 동원하는 일까지 모두 적극적인 관심을 가지고 주관하였다. 서원이 건립된 이후에는 원규院規를 제정하고, 매 삭망朔望에는 원생들에게 의리를 가르치기도 하였다. 또 그는 서원 뒤에 있는 김굉필 묘택의 춘추 묘사를 서원에서 설행하도록 조치하였다. 이후 1677년(숙종 3)에 현풍의 유생들이 상서를 올려 정구의 종향을 청하였다. 이때 배신裵紳과 박성朴惺의 배향을 아울러 청했으나 정구만 윤허를 얻었다. 다음 해 정구의 위패를 도동서원에 봉안하였다.

도동서원 건물의 중수 · 수리 등에 관한 내용은 18세기 이전까지는 구체적으로 알려진 바가 없다. 이때까지는 시간이 지나 건물이 퇴락하면 간단하게 보수하는 정도였을 것이다. 1720년(숙종 46)에 사우를 중수하였다. 이때 좌우도의 여러 고을에 있는 향교와 서원에 통문을 돌려 물력을 보조 받았는데, 그 구체적인 내용은 알 수 없다. 1803년(순조 3)에는 서원 건물 전체에 대한 대대적인 중수가 있었다. 이때도 여러 고을의 향교 · 서원과 문중에서 경비를 부조하였다. 그러나 서원 소유의 토지를 매매해서 마련한 몫과 본손本孫 기부가 압도적이었다. 여기서 도동서원이 영남을 대표하는 서원이기는 하나 서서히 문중서원으로 바뀌어 가는 모습을 엿볼 수 있다.

도동서원은 김굉필을 모신 여러 서원 가운데 가장 대표적인

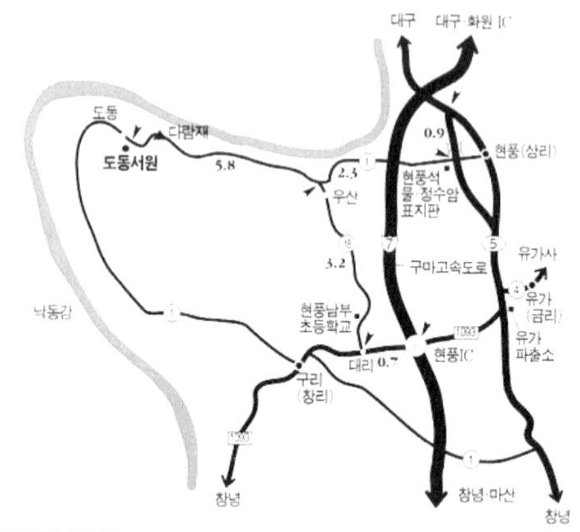

도동서원 안내도

서원이었다. 고종 때의 서원 훼철을 피했고, 그 이후에도 온전하게 보존되면서 조선시대 서원 건축을 대표하는 건물이 되었다. 특히 유교적 건축 규범을 철저하게 따랐다는 점에서 건축학적으로도 의미가 있다. 앞서 언급한 바와 같이, 이 도동서원의 전신은 쌍계서원이었다. 임난 이후 현재의 자리로 옮겨 새로운 서원을 세웠는데, 정구는 「도동서원에 한훤당 김선생을 봉안하는 글」에서 서원을 이곳으로 옮긴 이유를 설명했다. 대니산戴尼山을 주산으로 하여 낙동강을 안대案對 경관으로 전망하는 서원의 입지 특성, 이전의 쌍계서원 터에 비해 훨씬 조용한 환경, 김굉필과의 연고 등을 그 이유로 들었다.

도동서원은 대니산 기슭에서 북향하여 낙동강과 건너편 산들을 내다본다. 서원이 북향하는 사례는 많지 않다. 대니산이 현풍 읍치 서쪽에서 서북방향으로 뻗고 그 밖을 흐르는 낙동강은 대니산 끝자락을 돌아 남동방향으로 흐른다. 대니산과 낙동강이 어울려 북서향으로 돌출한 반도 모양을 만들었고 그 끝부분에 도동서원이 입지한 것이다. 조선시대 이곳의 지명은 오설면으로, 까마귀 혀라는 뜻이다. 지형이 까마귀의 혀 모양을 닮았다는 의미이다. 도동서원은 그 까마귀 혀의 끝부분에 세워졌다. 대니산은 원래 태리산台離山 혹은 제산梯山으로 불렀으나 후대 사람들이 김굉필과 연관지어 대니산으로 바꾸어 불렀다. 대니산의 '대戴'는 '머리에 인다'는 뜻이고, '니尼'는 중니仲尼 즉 공자를 뜻한다. 대니산은 공자를 머리에 이고 있는 것처럼 높이 받드는 산이라는 의미이다. 김굉필이 성인인 공자를 닮고자 하는 마음으로 평생 도를 실천했다면, 도동서원의 선비들은 김굉필을 닮고자 하는 뜻을 대니산이라는 이름에 담았다.

도동서원 앞으로는 낙동강이 서쪽으로 흐르고, 물 건너에 개구리 모양의 작은 섬이 있다. 서원 동쪽 대니산 산줄기는 물가로 내려와 잘린 것처럼 끊어지고, 그 끊어진 끝부분이 작은 섬으로 솟아난 듯이 보인다. 강을 향해 내리뻗은 이 산줄기를 다람쥐 모양이라 해서 다람재라 부르고, 작은 섬은 개구리산이라 부른다. 서원에서 낙동강까지의 거리는 400미터가 채 되지 않아 서원의 전면이 시원하고 넓게 열려 있는 지형을 갖추었다. 이런 터는 앞

도동서원 입지

으로 탁 트인 경관을 서원 영역으로 끌어들이기에 아주 좋은 조건을 갖추고 있다.

도동서원과 같이 중요한 건물이 들어선 곳에 지사地師들이 입을 대는 것은 지극히 당연하다. 도동서원이 가깝게 마주 보는 산, 곧 안대案對가 개구리산이다. 보다 먼 안대 경관은 낙동강과 개구리산을 향해 일제히 달려드는 듯 느껴지는 강 건너편의 산들이다. 이 형국은 풍수적으로 뱀들이 개구리를 노리고 쫓는 장사추와형長蛇追蛙形, 혹은 용 모양의 주위 산들이 구슬 모양의 개구리산을 얻고자 달려드는 오룡쟁주형五龍爭珠形이라 한다. 쫓는 뱀과 쫓기는 개구리의 형국이나 용들이 구슬을 삼키려는 형국은 모두 극도의 긴장을 느끼게 하므로 생기가 매우 충만한 국면이 된다고 설명한다. 정구가 이곳에 서원 터를 정할 때 이런 풍수지리를 염두에 두었을까? 만약 김굉필이 이런 설명을 듣는다면 어떻게 생각했을까?

서원 입구에는 가지를 옆으로 늘어뜨린 커다란 은행나무가 있다. 정구가 서원 건립을 기념하여 심은 나무라고 한다. 공자가 제자를 가르치던 곳이 행단杏亶이라는 이유로 유교 교육이 이루지는 곳에는 흔히 은행나무를 심는다. 도동서원 입구의 은행나무 역시 그러한 의미일 것이다. 은행나무 옆에는 1625년(인조 3)에 건립한 신도비가 있다. 김굉필의 5대손인 대진大振이 후손과 사림, 경상감사 이민구李敏求의 협력으로 세웠다. 그 글은 장현광張顯光이 짓고 사헌부감찰 배홍우裵弘祐가 썼다. 맞은편에 1980년에 건립한 국역 신도비가 있다. 그 내용 가운데 일부를 소개하면 다음과 같다.

> 고려 말기에 포은 정선생이 이 도를 알고 이 도를 행하여 해동의 첫 번째 유자儒者가 되었으며, 우리 조선조에 이르러서는 선생이 실로 그 관건關鍵을 창도하여 개발하였다. 비록 지위를 얻어 도를 행하지 못하였고 또 미처 저술하여 가르침을 남기

서원 앞 은행나무

지 못했으나 오히려 한 세상의 유림의 종주가 되고 사문의 적치赤幟를 세웠다. 같은 때에 인仁을 도운 자로는 일두공이 있었고 몸소 가르침을 받든 자로는 정암공이 있었으며, 그 뒤에 발걸음을 이어 일어난 자로는 평실平實함이 이회재 같은 분이 있었고 정순精純함이 이퇴계 같은 분이 있었다. 이들은 모두 우리 동방의 진유가 되고 사범이 되는 바, 또한 선생의 정맥 가운데에서 사숙한 자들이다. 지금에 이르러 후학들이 도학이

올바른 학문이 됨을 알아 높이고 숭상하지 않는 이가 없으니,
이는 진실로 선생의 공이다.

17세기에 확립된 조선 유학의 도통론道統論을 내세워 김굉필의 역사적 위상을 강조하고 있다. 장현광의 이러한 평가는 조선 후기의 유학자들이라면 누구나 받아들이는 상식이었다.

2) 건축의 배치와 사상적 의미

조선 시대 서원건축은 대략 다음과 같은 공통적인 특징이 있다. 첫째, 강당을 전체 배치의 중심에 두고 사우를 제일 뒤편 높은 곳에 둔다. 둘째, 건물들 상호 간의 위계가 분명하다. 셋째, 건물 배치의 축이 뚜렷하게 표현된다. 넷째, 굳이 남향을 고집하지 않

도동서원 종단면도

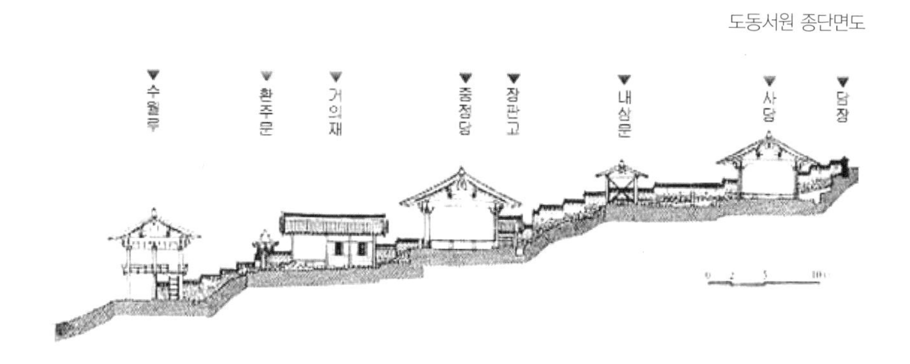

고 지형에 순응하는 배치형식을 하고 있다. 도동서원은 이러한 특징을 모두 보여주는 조선시대의 대표적인 서원건축에 속한다.

도동서원은 우선 경사진 지형을 이용하여 자연스럽게 삼단의 위계로 분절된 공간을 만들었다. 그리고 그 각각의 공간 속에 동·서재, 강당, 사우를 앉혀 건물들 사이의 위계를 드러냈다. 강당 건물이 가장 규모가 커 전체 배치에서 중심이 되지만, 강당과 사우 사이에는 따로 담장을 두고 문을 만들어 별개의 공간임을 드러냈다. 더구나 사당을 둘러싼 담장은 1.8미터로 다른 담장에 비해 훨씬 높다. 사당을 다른 구역과 명확하게 구별하기 위한 의도였다. 이런 방법으로 사우가 건물의 규모는 작지만 가장 높은 위계의 건물이라는 점을 쉽게 알 수 있게 하였다.

강당과 사우 그리고 서원의 입구인 환주문喚主門은 모두 중심축선 위에 위치한다. 동·서재는 그 중심축선을 기준으로 정확하게 대칭을 이루어 중심축을 강조하게 된다. 도동서원은 이 중심축선을 강조하기 위해 다른 서원에서는 볼 수 없는 장치를 두었다. 환주문 아래에서부터 좁은 돌계단을 만들었고, 그 좁고 곧은 돌길이 사우까지 이어지도록 하였다. 이처럼 중심축을 살리고 좌우 대칭을 이루며 아울러 엄격한 위계질서를 통해서 얻어지는 결과는 바로 팽팽한 긴장감이다. 이 긴장감이야말로 서원건축의 가장 중요한 핵심이다.

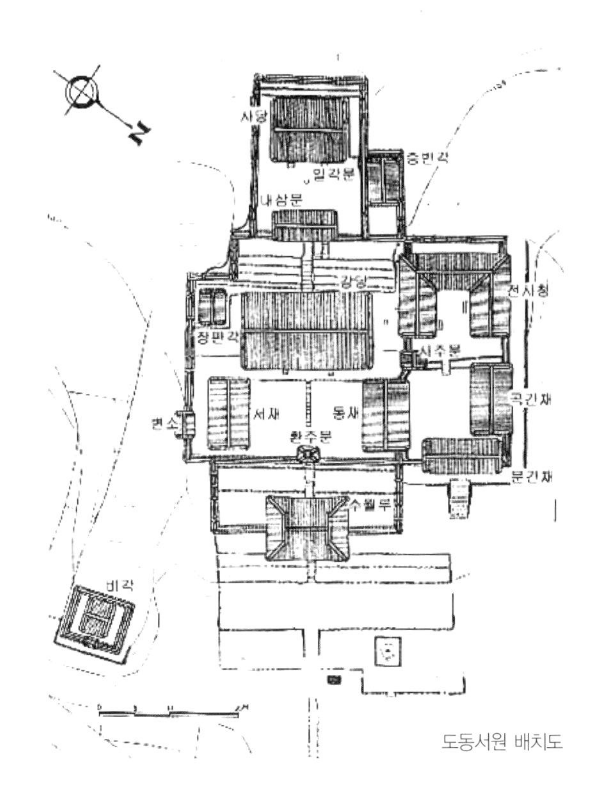

도동서원 배치도

지금은 서원 맨 앞의 수월루가 정문 역할을 하고 있지만, 창건 당시에는 사모지붕을 한 환주문이 정문이었다. 지붕꼭대기에는 빗물이 새지 않도록 작은 절병통節甁桶을 얹었다. 환주문은 서원의 규모에 비해 그 크기가 매우 작고 그 높이 또한 매우 낮다. 그러니 이곳은 허리를 공손히 굽히고 고개를 숙여야만 들어설 수 있다.

환주문을 중심으로 좌우에 펼쳐진 담장은 서원 마당에서 볼 때는 1.1미터 정도로 밖이 내다보일 만큼 낮다. 그러나 문 밖에서 볼 때는 급한 경사지의 높이 차이로 인해 안쪽 공간은 전혀 볼 수 없다. 도동서원의 담장은 아주 아름다운데, 진흙에 기와를 박아 쌓은 흙벽이다. 진흙을 섞어가며 막돌을 몇 줄 쌓아 올린 다음, 황토 한 겹에 암키와 한 줄을 되풀이하다가 기와지붕을 덮어 마무리했다. 그리고 아래 위 두 줄로 수막새 기와를 듬성듬성 박아 문양을 추가하는 멋을 부렸다. 도동서원을 둘러싼 이 담장은 1963년에 '도동서원강당사당부장원道東書院講堂祠堂附牆垣'이라는 이름으로 보물 제350호로 지정되었다. 강당, 사당과 함께 담장이 보물로 지정된 것이다.

도동서원의 강학 공간은 강당과 동·서재로 이루어진다. 강당인 중정당은 정면 5칸의 맞배지붕 건물이다. 강당 건물은 칸살을 크게 잡아 칸수에 비해 커다란 규모를 가지며, 높고 육중하다. 반면 그 앞의 동재와 서재는 3칸으로 칸수를 줄이는 동시에 칸살의 크기도 작게 하였다. 강당과 동서재의 위계를 명확하게 드러냈다. 강당에는 서원 현판이 전면에 하나, 안쪽 정면 벽에 하나, 이렇게 두 개가 걸려있다. 강당 안쪽의 현판이 사액현판인데, 경상도도사都事 배대유裵大維가 썼다. 강당 전면에 높이 걸려 있는 서원 현판은 퇴계의 글씨를 모각模刻한 것이다. 특이하게도 그 현판 아래에 작은 현판이 하나 더 걸려 있다. 「도동서원액판하道東

書院額板下」라는 제목의 작은 현판이다. 정구가 이황의 글씨를 모각한 서원 현판을 달게 된 사유를 적은 것이다. 그 내용을 그대로 옮겨 보면 다음과 같다.

> 이선생(이황)이 일찍이 김선생(김굉필)의 서원을 건립하는 일에 크게 관심을 가졌으나 안타깝게도 선생의 생존 시에 이 일이 미처 이루어지지 않아 열 곳의 서원이 채워지지 못하였다. 문집 속에 「서원십영書院十詠」이라는 시가 있으나 아홉 곳의 서원만 있고 열 개의 수효가 채워지지 못했다. 만일 도동서원이 그 당시에 존재하였더라면 액호額號를 손수 쓰시는 일을 어찌 여느 서원보다 뒤에 하였겠는가. 여러 서원의 액호는 대부분 선생이 손수 쓰신 것이다. 지금 서원이 중건되어 이름을 도동으로 하라는 명이 대궐에서 내려오고 뒤이어 판액板額이 장차 내려올 예정인데, 마침 또 선생이 쓰신 편액의 글씨 중에서 네 자의 큰 글씨를 찾아서 본을 떠 각刻하여 서원으로 보냈다. 이리하여 선사先師의 옛 필치와 성주聖主께서 하사한 판액이 장차 안팎에서 빛을 발하게 됨으로써 배우는 유자儒者로 하여금 무엇을 모범으로 삼을 것인지를 알게 하였으며, 따라서 또 이선생의 유지遺志를 이루게 되었다. 이 어찌 다행스럽지 않은가. 이 서원에 들어오는 우리 선비들은 어찌 서로 이 편액을 우러러보고 김선생의 학덕을 흠모하며, 도동의 의미를 깊이 체

득하여 끊임없이 노력함으로써 오도吾道의 전통이 끊기지 않을 방도를 생각지 않을 수 있겠는가.

만력 정미년(1607, 선조 40) 가을 7월 일에 후학 서원西原 정구鄭逑는 삼가 쓰다.

위의 글에서 정구는 이황의 글씨를 모각하여 판액을 만들고는 '도동道東'의 의미를 깊이 체득하라고 하였다. 정구가 『경현록』을 편찬하면서 이황의 편지를 김굉필의 글과 나란히 실었던 사실은 앞서 설명했다. 이 두 가지 사실은 같은 의미를 가진다. 정구는 동방의 도학이 김굉필에게서 시작되었고, 그 도학을 집대성한 이는 이황이라고 생각했다. 사액현판이 있음에도 불구하고 굳이 이황의 글씨를 모각한 현판을 만들어 건 이유는 동방의 도통을 드러내기 위해서였다. 왕실의 권위와는 또 다른 권위, 즉 도통의 권위를 그렇게 드러내고자 고심한 것은 아닐까.

도동서원의 강당 건물에는 여느 서원에서 볼 수 없는 독특한 표식이 있다. 강당의 기둥머리에 모두 흰 종이 띠를 둘렀는데, 흔히 상지上紙라고 부른다. 김굉필이 오현 가운데서도 가장 웃어른인 수현首賢이라는 표식이라고 한다. 상지나 수현이라는 개념은 조선시대의 문헌에서 찾아볼 수 없으니 아마 근래에 와서 생긴 말이 아닐까 싶다. 서흥김씨 문중에서 자신의 조상을 높이기 위해 수현이라 하고, 서원 기둥에 흰 종이 띠를 두른 것은 아닐까.

도동서원 수월루

도동서원 현판

일찍부터 오현의 문묘 종사를 주장할 때 거론하는 순서가 김굉필부터였다. 그리고 광해군 때 다섯 사람을 문묘에 배향할 때도 그 순서가 김굉필을 동무에 모시고 그 다음 정여창 이하를 서무와 동무에 차례대로 모셨다. 이러한 사실을 바탕으로 자신들의 선조에 대한 자부심을 나타내기 위해 수현이라는 말을 사용했을 것이다. 상지는 백미白眉라는 고사와 관련이 있는 것이 아닐까 싶다. 중국 삼국시대에 마량馬良의 형제가 다섯인데 그중 흰 눈썹을 가진 맏이인 마량이 으뜸이라는 사실과 오현 가운데 김굉필이 으뜸이라는 자부심을 겹친 표식으로 보인다.

강당의 기단 역시 다른 서원에서는 볼 수 없는 모습을 하고 있다. 기단은 아래쪽 지대석地臺石과 가운데 면석面石, 그리고 위쪽에 얇게 포개진 갑석으로 구성되어 있다. 면석들은 크기와 모양과 색깔이 다른 돌들을 서로 물리도록 다듬어 쌓았다. 마치 조각보를 펼쳐 놓은 듯 곱다. 우리나라의 전통 건축 가운데 이런 기단은 도동서원의 것이 유일하다. 이러다보니 기단석에 대해 확인할 수 없는 이야기도 전해지게 되었다. 전국에서 제자들이 스승을 추모하기 위해 저마다 마음에 드는 돌을 모아 와서 쌓았고, 그러니 모양과 크기는 물론, 색깔이나 돌의 질도 저마다 다르다는 이야기이다. 언제부터 이런 이야기가 전해졌는지는 모르지만 분명히 사실은 아닐 것이다. 다만 다양한 돌과 김굉필의 제자들을 연결시킨 이야기가 흥미롭다. 사실 김굉필에게는 다양한 성향의 제자들이 있었다. 그중 조광조가 독보적인 지위를 누리게 된 것은 후대의 일이다. 기단의 돌 이야기가 김굉필을 따르던 제자들이 그처럼 다양했음을 상기시켜 주는 역할을 했으면 하는 바람이다.

도동서원의 기단은 또 다양한 장식물로도 유명하다. 갑석의 아랫단 면석 사이에는 여의주와 물고기를 물고 있는 용머리 네 개가 돌출해 있다. 네 개의 용머리 조각 가운데 하나만 색깔이 옅고 다른 셋은 짙은 색을 띠고 있다. 하나는 진본이고 나머지는 도난당한 후 만든 복제품이기 때문이다. 또 양쪽에는 세호細虎라고 불리는 다람쥐 모양의 조각이 있다. 동쪽 세호는 올라가는 모습으로 꽃 한 송이와 함께, 서쪽 세호는 내려가는 모습으로 역시 꽃 한 송이와 함께 조각되어 있다. 이는 강당에 오르내릴 때 동쪽으로 오르고 서쪽으로 내리는 방향을 나타낸다.

강당 오른쪽으로는 ㄷ자 모양의 전사청典祀廳이 있다. 서원 일을 돕는 사람들이 유생들의 뒷바라지를 하면서 살던 곳이다. 제사 때는 제물을 장만하고, 제관들의 숙소로도 사용했다고 한다. 강당에서 전사청으로 통하는 문 앞에는 생단牲壇이 있다. 제사를 지낼 때 바칠 제물을 살피는 곳이다. 강당의 왼쪽으로는 장판각이 있는데 『경현록』 목판을 보관하던 곳이다.

강당 뒤 가장 높은 곳에 사당이 있다. 사당 입구의 문을 내삼문이라 한다. 도동서원의 사당은 동입동출東入東出, 동쪽 문으로

도동서원 생단

들어가고 나올 때도 동쪽 문으로 나온다. 그래서 내삼문 밑에는 계단이 두 줄만 놓여있고 왼쪽 문에는 오르내릴 계단이 없다. 오른쪽 계단과 문은 제례를 집행하는 제관이 다니는 계단이다. 가운데 문은 신문神門으로, 위패를 모시거나 제물을 옮길 때 문을 연다. 삼문 안에 들어서면 정면 3칸, 측면 3칸의 사당이 있다. 정면 가운데 김굉필의 위패가 봉안되어 있고 오른쪽에는 정구의 위패를 모시고 있다. 사당 내부의 좌우 벽면에는 벽화가 그려져 있다. 창건 당시의 그림으로 알려져 있지만, 언제 누가 그렸는지 정확하게 알지 못한다. '강심월일주江心月一舟' 와 '설로장송雪露長

松' 이라는 제목이 적혀 있다.

'강심월일주' 는 김굉필의 시 「선상船上」의 한 구절이다.

배는 하늘 위에 앉은 듯,	船如天上坐
물고기는 거울 속에 노니는 듯.	魚似鏡中游
술 마신 후 거문고 끼고 돌아가니,	飮罷携琴去
강 복판 달빛이 배 하나 가득.	江心月一舟

이황은 이 「선상」이라는 시가 김굉필의 작품이 아닐지도 모르겠다는 의문을 나타냈다. "사람들이 전하여 외는 데서 얻었기" 때문에 진위를 확인할 수 없기 때문이라고 했다. 현재 한문학을 전공하는 분들 가운데서도 이 시의 품격이나 정신세계가 도학자 김굉필과는 어울리지 않는다고 생각하는 이도 있다. 앞으로 더 살펴보아야 할 문제임은 틀림없는 것 같다.

'설로장송' 은 김굉필의 시 「노방송路傍松」을 화제로 한 작품으로 간주된다. 눈이 쌓여 있는 소나무 가지 사이로 둥근 달이 걸려 있는 그림이다.

노송 하나 푸르게 길가에 서 있어,	一老蒼髥任路塵
괴로이도 오가는 길손 맞고 보내네.	勞勞迎送往來賓
추운 겨울에도 너와 같이 변치 않는 마음가짐,	歲寒與汝同心事

도동서원 사당

지나가는 사람 중에 몇이나 보았느냐. 經過人中見幾人

널리 알려진 『논어』의 "날씨가 추워진 뒤에야 소나무와 잣나무가 다른 나무보다 나중에 시듦을 안다[歲寒然後 知松柏之後彫]."는 뜻을 변용하여 절의를 지키는 사람을 보기 어려운 세상임을 노래하고 있다.

도동서원을 구성하는 각 건물의 이름은 예전 쌍계서원의 이름을 그대로 사용했다. 강당은 중정당, 동·서재는 거인재·거의재, 서원 정문은 환주문이라 했다. 사우는 별도의 이름이 없다. 현재 도동서원의 문루인 수월루는 창건 당시에는 없었다. 도동서원 건물의 명칭에 보이는 '중정인의中正仁義'와 '환주喚主'는 주돈이周敦頤의 「태극도설太極圖說」에서 따온 개념이다. 주돈이는 중국 송나라 때 성리학의 출발을 알린 학자이며, 「태극도설」은 성리학의 시원을 이루는 작품이다. 중국 도학의 출발이 바로 주돈이의 「태극도설」이었다. 김굉필의 서원을 지으면서 그 건물의 이름을 「태극도설」에서 따온 것은 다분히 의도적이었을 것이다. 중국의 도통이 주돈이에서 시작한다면 동국의 도통은 김굉필에서 시작한다는 의미를 드러내려 한 것은 아니었을까.

일반적으로 서원에서 강학공간을 구성하는 강당과 동·서재의 당호는 그 서원의 교학 이념을 함축적으로 담고 있다. 주돈이는 「태극도설」에서 "성인은 중정인의로써 온갖 일을 안정시키고 고요함을 위주로 사람의 표준을 세우셨다."라고 하였다. 그리고 이 구절에 스스로 주를 달아, '성인의 도는 인의중정일 뿐이다.' 라고 하였다. 주희는 설명하기를 "성인의 행동은 알맞고[中], 처신은 바르며[正], 감정은 어질고[仁], 일 처리는 의롭다[義]."라고 하였다. 「태극도설」에서 '중정인의' 는 성인의 마음가짐과 행동을 모두 아우르는 개념이었다. 도학 공부는 바로 이러한 성인의 마음가짐과 행동을 배우는 학문이었다. 「태극도설」에서는 이러한 공부의 내용을 설명하기 위해 주정主靜이라는 개념을 제시하였다. 이 주정은 후대의 경敬 개념과 크게 다르지 않았다. 도동서원의 건물들 가운데 환주문이 이 주정 혹은 경 공부를 의미하는 건물이었다.

도동서원 환주문

도동서원의 건물들 가운데 가장 특징적인 건물이 환주문이다. 서원의 정문임에도 불구하고 한 사람이 겨우 들어갈 정도의 좁은 문이다. 더구나 높이도 아주 낮아 갓을 쓴 선비들은 허리를 굽혀야 들어갈 수 있었다. 일반 주택의 문이라면 주인을 부른다는 의미로 해석하면 충분하다. 그러나 여기는 도동서원이니 집주인이 있을 리 없다. 여기서 주인은 이 서원에 들어서는 선비의 마음을 가리킨다. 마음이 곧 사람의 주재자이기 때문이다. 경 공부를 설명할 때 마음을 항상 깨어 있도록 하는 것이라고 하기도 한다. 환주는 자기 몸의 주인이 항상 깨어 있도록 하라는 의미이다. 중정당을 정면으로 우러러 보며 자신을 소박하게 낮춘 작은 환주문은 입도자入道者가 가져야 할 마음가짐, 곧 지경持敬을 함축한다.

현재 도동서원에는 환주문 밖에 거대한 문루가 하나 있다. 수월루水月樓라는 이름을 가진 누각으로 1849년에 처음 지어졌다. 그 뒤 불에 타서 터만 남았다가 1974년에 중건되었다. 처음 지었을 때의 모양은 알 수 없지만, 현재의 수월루에 대해서는 모든 건축학자들이 하나같이 부정적인 견해를 가진다. 서원 전체의 규모와 맞지 않아 도동서원의 질서에 어울리지 않음은 물론이고, 특히 강당에서 내려다보는 정면 경관을 해치고 있기 때문이다. 왜 19세기에 도동서원의 완결된 구조를 해치는 문루가 설립되었는지는 알 수 없다. 개인적인 추측을 해보자면, 서원 내부를 충실하게 할 수 없는 상황에서 밖으로 꾸미는 데 관심을 기울인 것은 아닐까 싶다. 이 시기 강학 기구로서의 서원의 역할이 약화되면서 현풍의 재지사족, 특히 서흥김씨 문중의 사회적 위세를 과시하는 건물에 관심을 둔 결과가 아닐는지.

수월루가 건축적으로는 도동서원의 경관을 해치는 것이 틀림없지만, 그 상징적 의미는 김굉필의 지취와 기상을 잘 드러내고 있다. 수월루의 물과 달은 이원조李源祚의 상량문에서 밝힌 것처럼 '한수조월寒水照月'을 말한다. '한수조월'은 김굉필의 시문에 많이 나타나는 정신세계이다. 김굉필은 합천군 야로의 처가 근처에 조그만 서재를 짓고 한훤당이란 당호를 달았다. 이 시기에 지은 시가 「서회書懷」이다. 여기서 그는 세상과 떨어져 홀로 살면서, 외롭고 깨끗한 자신을 밝은 달만 비춰주니, 달처럼 강물과 산을 벗한다고 읊었다. 고고한 도학자가 지향하는 삶이 달과 강 그리고 산을 통하여 형상화된 것이다.

> 홀로 한가롭게 사니 오가는 이 없고,
> 다만 밝은 달 불러 외롭고 깨끗한 사람을 비추려네.
> 그대여 번거로이 내 생애 묻지 말게,
> 아지랑이 낀 두어 가닥 물결과 몇 겹 산 뿐이니.
> 處獨居閒絶往還　只呼明月照孤寒
> 煩君莫問生涯事　數頃烟派數疊山

처음 쌍계서원이 건립될 때부터 사림들은 김굉필의 이 정신세계를 주목하고 있었다. 서원 앞을 흐르는 개울가에 조그만 정자를 짓고 조한정照寒亭이라는 이름을 붙였다. 쌍계서원이 불타 버리고 자리를 옮겨 서원을 다시 지을 때, 김굉필의 정신세계 '한수조월'은 도동서원의 전망경관으로 재현되었다. 환주문만 있을 때는 도동서원의 전망경관 그 자체가 '한수조월'의 지취와 기상을 보여줬다. 19세기 수월루의 창건은 사림의 정신세계가 그만큼 위축되었음을 보여주는 것은 아닐까? 굳이 문루를 세우고, 수월루라는 이름을 붙여야만 '한수조월'의 지취와 기상을 내세울 수 있게 된 것은 아닐까? 수월루라는 잘못된 건축 때문에 또 한 번의 추측을 해본다.

3) 서원의 운영

도동서원은 물론 이미 오래 전에 제 기능을 상실했다. 그곳에는 학생도 없고 선생도 없다. 갓 쓰고 도포 입고 모여들던 고을의 선비들도 없다. 이곳저곳 기웃거리며 구경하는 관광객들만 드나들 뿐이다. 조선 시대에는 수많은 선비들이 공부하고, 제사를 드리고, 모여서 의논하고, 지나다 들르는 그런 곳이었다. 그 시대의 도동서원에 어떤 사람들이 모여 어떤 생활을 했는지를 조금이나마 엿볼 수 있는 자료로는 한강 정구가 제정한 「원규院規」가 있다. 정구는 서원 중건을 주도했을 뿐만 아니라 서원 운영의 기본 방침까지 규정해 놓았다. 그 내용은 '근향사謹享祀', '존원장尊院長', '택유사擇有司', '인신진引新進', '정좌차定坐次', '근강습勤講習', '예현사禮賢士', '엄금방嚴禁防' 등 모두 8개조로 구성되어 있다. 현재 도동서원 강당 안에는 이 원규의 내용이 적힌 현판이 걸려 있는데, 1918년에 각판刻板되었다.

먼저 서원 원생의 모집과 관련이 있는 '인신진'의 조항부터 살펴보자. 도동서원은 20세를 기준으로 하여 그 이상인 자는 정식 입원생入院生으로 선발하였고, 그 미만으로 공부를 시작하는 자는 별도로 설치한 양몽재養蒙齋에 먼저 입학하도록 하였다. 또 20세 이상이지만 입원하지 못한 자로서 양몽재에 입학을 원하는 자는 허락하였다. 나이가 적어도 이미 소과에 합격하였거나 재

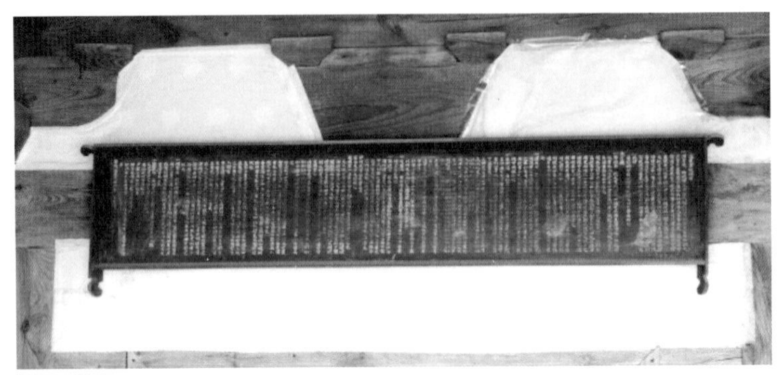
「원규」 현판

행才行이 뛰어난 자는 입원을 허락하였다. 입원의 기준이 있지만 학생의 학업 성취도에 따라 달라질 수 있었다. 현재 도동서원에는 양몽재가 없을 뿐만 아니라 「원규」 이외의 다른 기록들 속에서도 그 존재를 찾아볼 수가 없다. 처음 쌍계서원을 설립했을 때는 양정재養正齋로 불리는 초학 교육기구가 있었다. 도동서원의 양몽재는 좀 더 연구가 필요할 것 같다.

유생의 입원은 향사일享祀日에 천주薦主 즉, 추천인들이 각각 한 사람을 원장에게 천거하도록 하고, 만약 천거자가 없거나 천거할 필요가 없는 경우에는 원장이 그 가부를 여러 사람에게 물어 결정하였다. 타 지역 인사는 추천인이 없더라도 학행學行이 성취되고 사론士論에 문제가 없는 경우 입원을 허락하였다. 유생의 선발에는 천주의 역할이 크게 작용하였다. 따라서 유생에게 문제가 있을 경우 천주를 함께 처벌하도록 규정하여 추천에 신중을 기하도록 하였다. 「원규」에는 구체적 규정이 없지만, 일반적으로 서원의 천주는 전 · 현직 원임이나 헌관獻官을 역임한 원유院儒들로 구성된다.

「원규」의 규정 이외에도 도동서원의 입원생들을 살필 수 있는 자료로는 원생들의 명단인 『입원록入院錄』이 있다. 현재 도동서원에는 중건 당시인 1610년부터 1907년까지의 『입원록』이 보관되어 있다. 이 기록에 따르면, 도동서원에서는 향사 때뿐만 아니라 묘사墓祀때에도 원생을 선발하고 있다. 또 입록入錄 시기도 매년 정기적으로 하는 것이 아니고 서원의 사정에 따라 부정기적이었다. 어떤 해에는 한 해에 두 번 입록하기도 하고 또 어떤 해에는 10년 이상 입록하지 않았다. 『입원록』에는 입원생과 천주의 이름만 기재되어 있어서 이들의 거주지를 구체적으로 분석할 수는 없다. 다만 그들의 성씨를 통해 볼 때 대부분 현풍에 거주하는 유생들임을 알 수 있다. 특히 17세기 이후에는 거의 모든 고을에 서원이 설립되었기 때문에 원생들의 거주지가 자신들의 고을을 벗어나지 않는 것이 일반적이었다. 원생들이 서원에 상주하는 경우는 드물었고, 대부분 강회講會가 열릴 때나 거접居接이 있을 때 교대로 상주하는 것이 일반적이었다. 따라서 입원 유생의 정원은 없었다.

「원규」 가운데 '존원장'과 '택유사'의 조항은 원임에 관한 규정이다. 원장의 선출에 관해서는 다음과 같이 규정하고 있다.

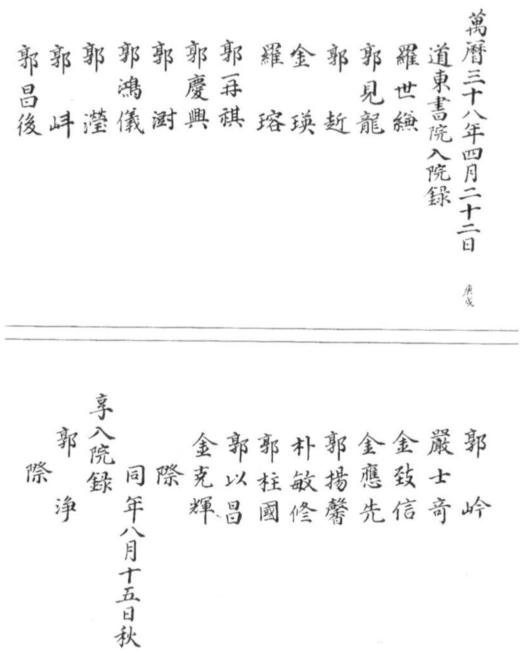

萬曆三十八年四月二十二日 庚戌

道東書院入院錄

羅世纁
郭見龍
郭赾
金瑛
羅瑢
郭再祺
郭慶興
郭澍
郭鴻儀
郭瀅
郭峠
郭昌後

郭岭
嚴士奇
金致信
金應先
郭揚馨
朴敏修
郭柱國
郭以昌
金克輝
際

同年八月十五日秋

享入院錄

郭淨
際

「입원록」

원장의 직임은 자주 섣불리 바꿔서는 안 된다. 부득이한 연고가 있어 바꾸지 않을 수 없는 경우에는 스스로 그 사유를 글로 갖추어 원중院中에 고한다. 그러면 원중에서는 구성원들이 한 자리에 모여 상의하여 새 사람을 바꿔 정하되 감히 어지럽게 천거하지 말고 반드시 많은 사람이 승복하여 한뜻으로 존경하고 믿는 자를 가려 가부간에 서로 이론이 없는 사람으로 정한

『원임안』

다. 이미 정한 다음에는 원중에서 글을 갖추어 동료 가운데 한 사람을 보내 맞아들여 신구 원장이 교대하게 한다.

위 「원규」에서 원장에 대한 구체적인 자격 기준은 제시되지 않았다. 많은 사람이 승복하여 한뜻으로 존경하고 믿는 사람을 원장으로 추대한다고 했을 뿐이다. 현재 남아있는 도동서원의 『원임안』을 살펴보면 원장은 대부분 생원, 진사, 참봉, 유학 및 전직 하급관료 출신의 향내 인사들이었다. 원장의 임기는 「원규」에 규정된 바는 없으나 일반적으로 1~2년에 중임重任이 허락되고 있었다. 『원임안』에 보면 초기에는 몇몇 사람이 재임·중임하면서 원장직을 수행하였다. 초대 원장인 곽근郭赾은 약 8년간 원장을 맡았다.

원장이 원내의 일을 총괄하며 대외적으로 서원을 대표하는 책임자라면 원중의 대소사를 운영하는 실질적인 담당자는 유사이다. '택유사' 조의 내용은 다음과 같다.

> 유사 또한 한 서원의 사무를 맡아 처리하는 자이다. 원장과 원중이 함께 논의하여 고르되 반드시 순박하고 신중하며 치밀한 사람을 골라 맡겨야 한마음으로 함께 서원의 사무를 처리할 수 있을 것이다. 만일 마음 쓰는 것이 거칠고 어긋나 서원 일에 모든 정성과 힘을 쏟으려 하지 않는다거나 혹은 부끄러운 줄 모르고 남들 앞에 나서며 항간의 말썽을 많이 야기한 자는 그 허물이 작을 때는 원장이 훈계하고 클 때는 원중에서 책망한다. 그래도 끝내 고치지 않는 자는 원장과 원중이 함께 논의하여 축출한다.

유사의 자격 역시 구체적이지는 않아, 순박하고 신중하고 치밀한 사람을 선출한다고 했다. 유사 가운데는 일상적인 서원 업무를 담당하는 유사 이외에 서원의 중대사가 있을 때 임시로 정해지는 유사도 있었다.

도동서원의 원임 구성은 18세기 중반 이후 상당한 변화 양상을 보인다. 특히 주목되는 현상은 이 시기에 본읍 수령이 원장에 임명되는 경우가 많아졌다는 사실이다. 1695년에 본읍 수령이 원장에 임명된 예가 있긴 하지만 당시에는 예외적인 현상이었다. 18세기 중반 이후에는 수령을 원장으로 임명하는 것이 일반적인 현상이 되다시피 하였다. 한편 18세기 초반까지는 현풍지역을 중심으로 한 성주권 인사가 원장에 임명되었다. 18세기 중반 이후부터는 상주, 경주, 안동, 예안 등의 유력인사들이 임명되는 경우가 많았다. 이러한 변화는 도동서원의 위상이 18세기 중반부터 일정하게 변화하고 있음을 보여준다. 이 시기에 오면 서원의 유지 존립을 위해서 관권과의 연결 또는 고을을 넘어선 도道 단위의 유대가 그 이전보다 더욱 절실해졌다.

「원규」 외에도 조선 시대에 도동서원이 어떤 기능을 했고, 또 어떻게 운영되고 있었는지를 알 수 있는 자료들이 제법 남아 있다. 1997년에 영남대학교 민족문화연구소에서는 그 자료들 중에서 중요한 내용을 추려 『도동서원지道東書院誌』를 편찬 · 간행하였다. 그 가운데 서원 운영을 살필 수 있는 자료로 원장 · 유사 등 원임의 명단인 『원임안』과 원생들의 명단인 『입원록』이 있다. 이외에 서원 운영에 직간접으로 참여했던 인물들을 파악할 수 있는 자료인 『참제록參祭錄』, 『알사록謁祠錄』, 『분향록焚香錄』, 『돈사록敦事錄』, 『집사분정기執事分定記』 등이 있다. 이들 자료에는 성주,

창녕, 고령, 대구, 칠곡, 합천, 인동 등 인근 고을 인사들도 포함되어 있지만 대부분은 향내鄕內 사림들이었다. 도동서원을 방문한 인사들이 자필 서명한 방명록인 『심원록尋院錄』도 있다. 이 자료에 이름을 올린 이들의 거주지는 대체로 현풍, 성주, 고령, 창녕, 칠곡, 합천, 대구 등 경상도의 중앙부에 해당하는 지역에 집중되어 있으며, 한려학파寒旅學派에 속하는 인물들이 대부분이다.

도동서원의 경제적 상황을 살필 수 있는 자료로는 토지안, 노비안 등이 남아 있다. 17세기 말에서 18세기 초 도동서원에는 약 150구의 노비가 속해 있었다. 당시 영남의 대표적인 서원들의

『심원록』

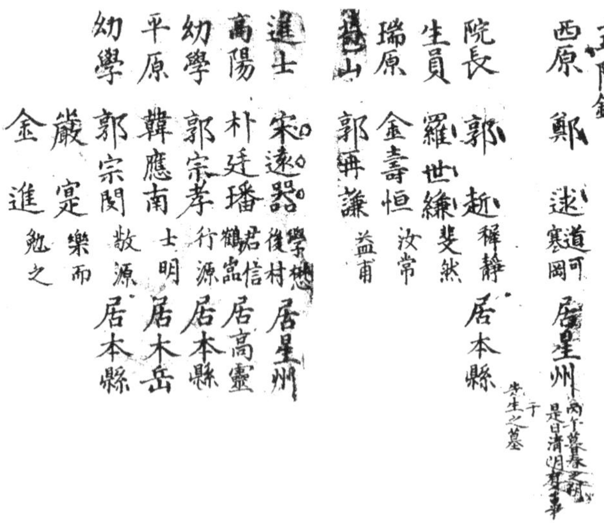
尋院錄
西原 鄭逑 道可 寒岡 居星州
院長 郭赳 稺靜 居本縣
生員 羅世纘 斐然
瑞原 金壽恒 汝常
郭再謙 益甫
進士 宋遠器 學懋 後村 居星州
高陽 朴廷璠 君信 居高靈
幼學 郭宗孝 行源 居本縣
平原 韓應南 士明 居木岳
幼學 郭宗閔 敬源 居本縣
嚴寔 樂而
金進 勉之

원노비院奴婢가 약 150~200여 구였던 상황과 비슷하다. 이들 원노비는 서원 안이나 부근에 거주하면서 잡역과 서원 소유 토지의 경작을 담당하였다. 서원 밖에 거주하는 경우에는 신공身貢을 납부하는 노비도 있었다. 서원에서 지배한 노동력으로는 국역國役을 피하기 위한 목적으로 서원에 몸을 의탁한 다양한 부류의 원속院屬도 있었다. 이러한 원속은 노비 도망이 활발해지는 17세기 후반 이후에 그 수가 급격하게 늘어났다. 이들은 피역의 대가로 서원 수직守直 등 사역을 담당하기도 하지만 대부분은 노비신공에 상당하는 경제적 부담을 담당하였다. 이들 원속에 대한 면역은 소재지 지방관의 권한에 속하였다. 따라서 이들의 규모는 각 서원의 영향력에 따라 달라진다. 도동서원의 원속에 관한 자료로는 『원생안院生案』, 『모입안募入案』, 『자비안資費案』, 『유생안儒生案』 등이 남아 있다.

서원에 속한 피역인들은 대체로 처음에는 보노保奴, 수직守直 등 천역賤役으로 투속하는 것이 일반적이었다. 17세기 중반 이후부터는 경제적 부를 매개로 한 면역 또는 신분상승을 목적으로 한 투속도 많아졌다. 원속들 가운데 원생 혹은 유생이라는 명칭으로 불린 부류가 이들이다. 서원 측에서는 경제적인 이유로 이들을 원생으로 모입募入하였으나 기존의 양반 원생과는 엄격하게 구별하였다. 모입한 원생들의 명부가 『원생안』이고, 양반 원생들의 명부는 이와 구별하여 『입원록』이라 하였다. 1704년(숙종

30) 국가에서는 각 서원이 모입하는 원생의 수를 규정하는 조치를 취했다. 문묘에 종사된 선현을 모신 서원에 허용된 인원이 30명이었으니, 도동서원은 최소한 30명의 모입원생을 확보할 수 있었다. 현재 남아있는 자료를 통해 살피건대, 도동서원은 시기에 따라 40~60여 명 정도의 원생을 거느리고 있었다. 이들은 대부분 서원 인근에 거주하는 양인들로서 피역의 대가로 일정량의 예전禮錢을 납부하는 등 서원 경제에 일조하였다. 남아 있는 자료는 없지만, 도동서원 역시 다른 서원과 마찬가지로 장인匠人, 수직군守直軍 등의 다양한 원속들을 보유하고 있었을 것이다.

도동서원이 소유한 토지의 규모를 살필 수 있는 자료도 일부 남아 있다. 도동서원의 토지가 어떤 경로로 마련되었는지는 정확하게 알 수 없다. 서원전 확보의 가장 일반적인 방법은 매득買得이다. 이외에 국가나 지방관이 서원에 지급한 속공전屬公田도 있었을 것이고, 서원 운영에 관심 있는 인물이 기부한 토지도 있었을 것이다. 이런저런 경로로 도동서원에서 확보한 전답의 면적은 17세기 중후반에 약 10여 결로 파악된다. 이 시기 영남의 대표적인 서원의 전답이 약 20~40결 정도였던 것과 비교하면 규모가 적은 편이다. 도동서원의 전답은 대부분 현풍에 있었고, 일부가 인근의 고령에 있었다. 서원의 토지는 초기부터 사액서원에 한해 면세免稅되는 것이 상례였다. 이후 면세전의 규모가 커지면서 국가에서 대책을 마련하여 1721년(경종 1)에 사액서원은 3결까지만 면세의 혜택을 주도록 규정하였다. 그러나 실제로는 서원의 영향력에 따라 3결 이상의 토지도 면세되는 경우가 많았다. 도동서원의 경우도 미루어 짐작할 수 있다.

4) 서원의 향사

조선 시대 서원의 중요한 기능은 교육과 향사였다. 정구는 이 서원의 기능 가운데 교육이 근본이라고 생각했다. 그가 한 벗에게 보낸 편지에 다음과 같은 내용이 있다.

> 대체로 서원으로서 사당이 있는 것은 학도로 하여금 그곳에 모신 선현을 모범으로 삼도록 하기 위한 것으로 이는 진정 다행스런 일이다. 그러나 만일 받들어 모시기에 적합한 선현이 없을 경우에는 무리를 해가면서까지 굳이 사당을 세울 필요가 없으니, 사당이 없는 곳도 많은 편이다.

위의 글에서 정구는 교육의 기능만 가지는 서원도 존재할 수 있다고 했다. 다만 '받들어 모시기에 적합한 선현이 없을 경우'라는 전제하에서였다. 도동서원은 김굉필이라는 선현을 받들어 모시기 위해 세운 서원이니 당연히 향사의 기능이 중요시 될 수밖에 없다. 「원규」에서는 향사에 관한 내용인 '근향사謹享祀'를 첫 조항으로 내세워 강조하였다.

> 고을 학교는 사실 자신을 수양하는 근본이 되는 곳인데, 요즘에는 의식이 해이해진 정도가 지나쳐 비록 식견이 있는 선비라 해도 스스로 세속에 휩쓸려 남의 집안일처럼 보고 있으니, 이것이 어찌 나라에서 장려하는 성현을 존경하고 도를 보위하는 뜻이겠는가. 앞으로 원임院任은 항상 정일丁日을 만나면 경내의 유생을 인솔하고 미리 한자리에 모여 석전釋奠을 행한 뒤에 본원의 향사는 중정中丁에 행함으로써 유생 상호간에 일체감을 갖게 하고 선현에 대한 향사가 선후의 순서가 있도록 해야 한다. 본원의 향사에 관한 예는 본디 그 의식이 있으므로 여기에 따로 갖추어 논하지 않는다. 다만 원장은 미리 제찬을 갖추어 두며 재계를 엄숙하고 정갈히 하고 정성을 다해 제사를 지낸다. 만일 불참자가 있을 때는 문서에 그 성명을 쓰되 유고有故와 무고無故의 사정을 아울러 기록하여 나중에 모였을 때 면전에서 책망한다. 일곱 번까지 불참한 자는 명단에서 축출하되 아무런 이유 없이 불참한 자는 다섯 번째에 축출한다. 만약 병이 들어 그 사실을 여러 사람이 다 알고 있는 자이거나 혹은 먼 지방에 나가 미처 돌아오지 못한 자의 경우는 모두 이 규율을 적용받지 않는다. 언제나 삭망 때에는 서원에 있는 유생은 청금靑衿을 정중히 차려입고 선생의 사당에 분향재배한다.

위의 조항은 먼저 현풍 향교의 석전과 도동서원의 향사의 관계를 규정하고 있다. 그리고 서원 향사의 구체적인 절차는 별도로 정해 놓았다고 했다. 이어서 향사에 불참하는 자들에 대한 처벌을 규정하고 있다.

향교의 석전이 서원의 향사에 앞서야 하기 때문에 각각 정일丁日(한 달 중 간지에 정丁이 들어있는 첫 번째 날)과 중정中丁(두 번째 정일)에 행하도록 선후를 정하였다. 현재는 매년 음력 2월과 8월의 중정일에 봉행한다. 향교에서 향사하는 공자와 서원에서 향사하는 선현의 위상에 차별을 둔 것이다. 당시 대부분의 서원에서도 향사 날짜를 중정일로 잡고 있었던 것으로 보인다. 하지만 국상國喪을 당하거나 나라의 큰일이 있으면 향사일을 늦추거나 또는 생략하기도 하였다. 그래서 서원마다 왕과 왕비의 기일忌日이 적혀 있는 국기판國忌板을 걸어두고 향사 날짜를 정하는 데 참고하였다. 도동서원 역시 마찬가지였다.

일반적으로 서원의 향사는 정기적으로 매년 봄과 가을에 지내는 춘추 향사와 매월 초하루와 보름, 즉 삭망朔望에 알묘謁廟하여 분향하는 삭망례, 정월 초5일이나 6일에 행하는 정알례正謁禮가 있다. 서원 향사라 함은 보통 춘추 향사를 가리킨다. 정구는 향사의 구체적인 절차를 별도로 정해 놓았다고 했으나 지금 기록으로 남아 있지는 않다. 서원 향사의 구체적인 내용은 현재 행해지고 있는 의식을 통해 살펴볼 수 있다. 그 내용은 크게 향사 준비와 향사 절차로 나누어 살필 수 있다.

(1) 향사 준비

향사준비는 입재入齋, 알묘례謁廟禮, 성생의省牲儀, 분정례分定禮, 사축寫祝, 제수검시祭需檢視, 진설陳設 등의 절차로 나뉜다. 차례대로 하나씩 살펴보면 다음과 같다.

입재: 헌관을 비롯한 제관은 향사 전날 정오까지 서원에 도착해야 한다. 정해진 시간에 도착하지 못하면 들어올 수 없고, 일단 들어온 후에는 제향이 끝날 때까지 나갈 수 없다. 참사자參祀者는 시도록時到錄에 이름을 적고 초헌관을 찾아 예를 올린다. 이날 모인 이들끼리 강당에 모여 서로 마주보고 읍례揖禮로 인사를 나눈다.

알묘례: 인사를 마친 제관들은 줄을 지어 사당으로 올라간다. 동문을 통하여 묘정에 들어서서 서쪽을 상위로 하여 일렬로 도열하여 선다. 초헌관이 중문 앞에 마련된 향안 앞에 나아가 삼상향三上香하고 내려와 모두 같이 재배하는 것으로 알묘례를 마친다.

성생례: 향사에 쓸 희생을 살피는 의례를 성생례라고 한다. 생단 위에 돼지를 눕혀 놓은 뒤 축관祝官이 제물 주위를

시계 반대 방향으로 세 바퀴 돈다. 돌 때마다 큰 소리도 "돌腯(살쪘는가)?" 이라고 물어보면, 둘러서 있는 제관들은 "충充(충실하다)" 이라고 대답한다. 희생이 충실하고 흠결이 없는지를 확인하는 것이다. 현재는 생단에 돼지를 묶어 놓고 성생례를 행한다. 성생례를 마치면 희생을 전사청으로 몰고 가고, 제관들은 마주보며 상읍례를 행하고 강당으로 돌아간다.

분정례: 성생례를 마친 후 다시 강당에 모두 앉아 분정례를 행한다. 강당의 북쪽 벽에 걸려 있는 분정판을 내려 지난번의 분정 명단을 떼어내고 새로운 분정 명단을 다시 써서 붙이는 절차이다. 나무로 된 분정판에는 헌관 및 제집사의 직임이 쓰여 있다. 매 향사 때마다 직임을 맡은 사람의 명단만 다시 써서 갈아 붙이도록 되어 있다. 도동서원 분정판의 말미에 '천계天啓' 라는 연호가 적혀 있어 그때 제작된 것임을 알 수 있다. '천계' 는 명나라 희종의 연호로 1621년(광해군 13)~1627년(인조 5)에 해당한다. 분정기 작성이 끝나면 분정판을 들고 좌중을 한 바퀴 돌며 각자의 역할에 오류가 없는지를 확인하게 한 후 다시 강당 벽에 걸어놓는다.

사축: 분정을 마치면 축문을 작성한다. 강당의 북쪽 문에서 사당을 바라보며 정좌하여 사축한다. 사축이 끝나면 축판

을 소반에 받쳐 들고 초헌관에게 확인을 받고, 사당 안 제상 아래 축상 위에 둔다. 도동서원 향사에 쓰는 축문은 정구가 작성한 「도동춘추향사문道東春秋享祀文」을 그대로 쓰고 있다.

維歲次○○○○月○○朔○○ 後學○○○
敢昭告于
贈右議政文敬公寒暄堂金先生惟
公夾持敬義兩進明誠精積力久德立道成
闡揚絶學百代儒宗密邇
松楸怳陪
儀容玆値仲春(秋) 陳
薦馨香用格
時歆 惠佑無疆以
贈領議政文穆公寒岡鄭先生
配尙
饗

날짜와 향사 인물을 쓴 부분을 제외하고, 정구가 쓴 부분만 번역하면 다음과 같다.

공께서는 경敬과 의義를 함께 지키시고 밝음과 성실함을 같이 닦으셨습니다. 정밀함이 쌓이고 힘쓴 것이 오래되니 덕德이 서고 도道를 이루셨습니다. 끊어진 학통을 잇고 떨쳐 유학의 종장이 되셨습니다. 이곳은 공의 묘소와 인접하여 그 모습을 뵙는 것처럼 황홀합니다. 이제 중춘— 또는 중추 —을 만나 향기로운 제물을 올리니, 강림하여 흠향하시고 후학들을 길이 돌보아 주소서.

제수 검시: 사축을 마친 후 유사와 제관은 제수를 검시한다. 제수단자에 맞추어 제물을 확인하는 절차이다.

진설: 정위와 배위 제상 앞에는 중앙에 향탁을 설치하고 향로와 향합을 올려놓는다. 향탁 밑에는 모사도 준비해둔다. 저녁 7시경 제물을 사당 안으로 운반하여 정해진 제기에 담은 후 제상에 제물을 진설한다. 희생은 돼지 한 마리를 반으로 나누어 정위와 배위에 올리되, 정위에 올라가는 돼지는 꼬리를 붙여두어 정·배위를 구분한다.

(2) 향사 절차

도동서원 향사는 축시丑時(1시~3시)에 거행한다. 향사 시작 전에 제관들은 의관을 정제하고 강당에 모인다. 강당에서 상읍례를 행하고 사당으로 올라간다. 사당 내삼문 안에 서쪽을 상위로 북향하여 일렬로 도열하여 선다. 집례가 먼저 배위에 나아가 재배하고, 당상에 올라 진행순서를 적은 홀기笏記를 낭독하면 제례가 시작된다.

찬자가 초헌관을 인도하여 사당 안으로 들어가 진설 상태를 살핀다. 이어 축이 들어가 위판의 뚜껑을 여는 개독開櫝을 하고, 보와 궤의 뚜껑을 연다. 축과 제집사가 배위에 나아가 재배하고 각자의 자리에 선다. 헌관 이하 참례자 모두 재배하여 신을 맞이한다. 이어 초헌례, 아헌례, 종헌례를 진행하고 헌작례獻爵禮가 모두 끝나면 삼헌관이 함께 재배한다. 헌작례를 마친 후에는 음복수조례飮福受胙禮를 행한다. 초헌관이 음복위에 나아가 신이 흠향한 술과 안주를 맛보는 의례이다. 묘우 동문 앞에 서쪽을 향하여 음복위를 마련한다. 음복수조례를 마친 초헌관이 자리로 돌아오면 나머지 제관들이 모두 함께 재배한다.

헌작례와 음복수조례가 끝나면 철변두撤籩豆가 행해진다. 제향이 끝났으니 제물을 거두는 의례이다. 축관이 변과 두를 조금 옮겨놓는 것으로 갈음한다. 철변두가 끝나면 헌관은 함께 재배한다. 다음은 망예례望瘞禮이다. 축문과 폐백을 구덩이에 묻는 의례이다. 영조대 이후로 묻지 않고 태우기 때문에 망료례望燎禮라고도 한다. 감坎은 보통 땅에 구덩이를 파서 만드는데, 도동서원에서는 사당 서쪽 담장 중간에 구멍을 내어 만든 감에서 축문과 폐백을 태운다. 망예례를 마치고 초헌관이 자리에 돌아오면 찬자가 '예필禮畢' 이라 고하고 삼헌관을 인도하여 나간다. 그런 다음에 찬자는 다시 돌아와 축관 및 제집사와 함께 재배를 하고 나간다. 축관은 다시 사당에 들어가 위판을 합독合櫝한다. 이후 제물을 물린 후 사당의 문을 닫는다.

향사를 마친 후 준례餕禮를 행한다. 준례는 신이 흠향한 음식을 모든 제관이 나누어 맛보며 신의 공덕을 기리는 의례이다. 준례 홀기 창홀唱笏에 따라 먼저 축관이 헌관 및 모든 제관에게 순배巡杯한다. 술을 한 잔 채워 좌중 가운데 상 위에 놓고 "대축님 잔 받으시오." 하면 축관과 제관들이 마주보고 절한다. 퇴주한 후 다시 술을 따루어 초헌관 앞 상에 올려놓고 축관과 초헌관이 마주보고 절한다. 아헌관을 비롯한 제집사에게도 같은 방법으로 순배하고 서로를 향해 재배한다. 축관의 순배가 끝나면 집례가, 집례 다음에는 초헌관이 같은 방법으로 모든 제관에게 순배한다. 이렇게 삼잔 순배가 끝나면 음복 식사를 한다.

현재 서원 향사에서 준례가 가장 완벽하게 남아있는 곳이 도동서원이다. 다른 서원에서는 금번 제향이 잘 치러졌는지 점검하는 절차로 제공사祭公事 또는 제사공론祭祀公論을 행하고, 향약약문을 읽는 독약讀約을 하고 음복하는 것이 일반적이다. 도동서원에서는 홀기 창홀에 따라 준례를 행하므로 의식이 엄숙할 뿐만 아니라 제관 모두에게 돌아가면서 삼잔 순배를 해야 하기 때문에 시간도 많이 소요된다. 이런 의례를 통해 존현의식과 예학사상을 몸에 배게 하는 효과를 기대했을 것이다. 준례를 마친 후 음복식사를 한다.

오전 7시에 헌관 및 제집사는 다시 강당에 모인다. 초헌관의 인사와 함께 서원 업무에 대해 논의하는 원회院會를 한 후 아침식사를 한다. 식사 후에는 향사에 올린 제물을 똑같이 나누어 봉송하고 자리를 파하면 향사의 모든 절차가 끝난다.

도동서원에서는 춘추 향사 외에 김굉필의 묘제를 지낸다. 「도동중창사적道東重刱事蹟」이라는 문서에는 다음과 같은 내용이 있다.

> 선생의 묘소가 서원 뒤에 있어서 그 서원을 설립하는 초기에 국가에서 산지기 10명을 획급劃給하여 묘소 주변을 수호하게 하였고, 한강 정구 선생이 모두 중조中朝의 무이고사武夷故事에 의거하여 춘추에 묘사墓祀를 지내게 하였다. 본 서원이 설행하는 것은 국가가 숭상하고 사림이 숭봉하는 바이니, 다른 서원과 구별이 있는 것이다.

도동서원이 김굉필의 묘사를 지내게 된 연유는 정구의 조치 때문이었다. 이후 서원에서는 향사 이외에 음력 3월 10일과 10월 2일에 김굉필의 묘소에서 묘제를 지냈다. 현재는 가을 묘제만 지내고 있다. 묘제의 절차는 일반 묘제와 같다.

5) 서원의 교육

서원은 선현에 대한 향사와 함께 후생에 대한 교육이 이루어지는 곳이다. 도동서원에서 이루어졌던 교육의 구체적 내용을 살필 수 있는 자료가 몇 가지 남아 있다. 우선 「원규」의 '근강습' 조항에 유생들의 교육에 관한 내용이 언급되어 있다.

> 원장은 벗들을 불러들여 학문을 권하고 강습하는 것을 폐하지 않는다. 겨울과 봄에는 오경五經과 사서四書 및 이락伊洛(정호程顥와 정이程頤)의 여러 성리서性理書를 읽고, 여름과 가을에는 역사서, 자서子書, 문집을 대상으로 하여 마음 내키는 대로 읽도록 한다. 본 서원에 들어온 선비는 과거 시험을 대비한 공부를 하지 않을 수 없으나 과거 시험 이외에도 옛사람의 이른바 '위기지학爲己之學'이라는 것이 있다. 만일 저쪽으로 마음이 완전히 쏠리지 않고 혹시 이쪽에 마음을 기울여 일상생활을 하는 가운데 타고난 본성 속에서 위기지학을 찾는다면 마음을 두어야 할 곳과 힘을 들여야 할 길은 아마도 경敬, 한 자를 벗어나지 않을 것이다. 이에 대해 이천伊川(정이) 부자夫子가 처음 세상에 밝혔고 운곡雲谷(주희) 부자께서 크게 천명하

였다. 한훤당께서 일생 동안 절실히 추구한 것은 다 이 경 자였다. 이에 대해 제군과 함께 노력하고 감히 중단하지 않기를 원한다.

이에 따르면 유생들이 전념해야 할 본연의 공부는 '위기지학'이다. 이를 위해서 김굉필이 일생의 목표로 삼았던 경敬 공부에 힘쓸 것을 강조하였다. 정구는 '위기지학'이 서원 교육의 중심이라는 사실을 강조하면서도 과거 공부를 무시하지 않았다. 조선 시대의 교육에서 과거 공부를 완전히 배제할 수는 없기 때문이었다.

도동서원의 「원규」에 포함되지는 않았으나 당시 서원 교육의 구체적 내용을 살피는 데 도움이 되는 자료가 있다. 정구는 도동서원을 중건할 무렵에 자신의 초당인 망운암望雲庵에서 고을의 자제들을 모아 강학하고 있었다. 이때 강회講會를 위해 「강법講法」과 「통독회의通讀會儀」를 마련했는데, 아마 도동서원의 강회 역시 이 규정에 보이는 내용과 크게 다르지 않았을 것이다. 그 내용을 도동서원에서 개최한 강회를 대상으로 해서 재구성해보면 다음과 같다.

매월 보름에 강회를 개최하여 『소학』 등의 책을 통독通讀한다. 강회에 참석한 유생들은 좌우로 나누어 단정하게 앉고, 각기 유사를 정하여 규찰하고 점검한다. 만약 기거起居에 절도가 없거나 말과 웃음이 마땅함을 잃은 자는 유사가 책벌한다. 일독一讀은 강장講長이 주관하되, 유사와 상의하여 처리한다. 다섯 번 강에 불통한 자는 강회에서 내친다. 세 번 강회에 불참한 자도 더 이상 강회에 참석하지 못하도록 한다. 불통不通은 회초리 30대이며, 두 책을 불통한 경우 갑장甲仗을 쓴다. 미준未准의 경우 경중을 나누어 회초리를 때리는데, 많아도 갑장 30대를 넘지 않으며, 적게는 회초리 10대 아래로 때리지 않는다. 벌을 준 뒤에는 다음 번 강회에서 추강追講하도록 한다. 병고가 있어 강회에 오지 못하는 자는 단자를 갖추어 고한다. 병이 이미 나았거나 일을 마치면 추강한다. 반드시 강장과 유사가 모두 자리에 함께 한 다음에 강한다. 강독에 불참한 사람은 노병을 제외하고는 서원에서 조치를 취한다. 읽은 책은 매월 과제가 있으니, 마땅히 경서를 먼저 읽고 나서 제자서諸子書와 사서史書도 읽어야 한다. 그 밖의 문장이나 과거 공부와 관련된 책은 비록 여력이 있어 보는 것은 어쩔 수 없다하더라도 과부課簿에는 포함시킬 수 없다.

이 내용을 통해서 알 수 있듯이, 강회는 유생들이 한 달 동안 얼마나 열심히 공부하였는지를 점검하는 모임이었다. 유생이 서책의 내용을 제대로 이해하지 못하면 그 정도에 따라 서로 다른 체벌을 가했는데, 갑장의 구체적 실체는 알 수 없다.

강회에 관한 또 하나의 규정인 「통독회의」는 일종의 강의講儀로서 강회 당일의 구체적 의식절차를 담고 있다. 이에 따르면,

강회는 당일 이른 아침에 사당에 예를 올린 다음 강당에 올라 강장에게 배례拜禮를 행하면서 시작된다. 여러 유생들이 외운 서책을 먼저 확인하고 나서 이해 정도를 시험해 통通·략略·조粗·불不의 성적을 매긴다. 강에 불통하거나 성적이 좋지 못한 자에 대한 벌을 주고 식사를 한다. 다시 강회를 속개하여 유생들의 평상시 언행에 대하여 여러 사람에게 묻고, 잘못이 있으면 꾸짖는다. 다음 번 강회에 읽을 책을 정하고 나서 마친다.

서원 교육을 살피는 데 도움이 되는 또 다른 자료로는 「육영재완의절목育英齋完議節目」이 있다. 이 자료를 통해서는 서원에서 이루어진 거접居接의 구체적인 모습을 살필 수 있다. 현재 도동서원에 보관되어 있는 「육영재완의절목」은 1787년(정조 11)에 현풍현감으로 부임한 조정헌趙廷獻이 작성한 것이다. 이 자료에 실린 거접에 관한 내용이 도동서원에서 이루어진 것인지, 아니면 현풍향교에서 이루어진 것인지에 관해서는 앞으로 검토해 볼 필요가 있다. 그러나 어디에서 이루어졌건 거접의 구체적인 모습을 살피는 데는 도움이 된다.

거접의 유래는 명확하게 밝혀진 바 없으나, 고려시대에 사학私學 12도徒에서 사찰을 빌려 하과夏課를 개설한 데서 연유한 것으로 보고 있다. 거접은 주로 과거준비를 위하여 늦은 봄에서 초여름 사이, 혹은 늦은 여름에서 초가을 사이에 집단적으로 모여 함께 하는 강학을 지칭한다. 서당과 서원은 물론이고 관학인 향교에서도 널리 행해졌던 교육 방식이다. 20명 내외의 인원을 시취試取하여 보름 혹은 한 달간을 같이 거처하게 하며 과시科試 등을 준비하였으므로 유생들로부터 상당한 호응을 받았던 제도였다. 「육영재완의절목」을 통해 살필 수 있는 거접의 내용은 다음과 같다.

일. 거접은 매년 3월 초하루로 정한다.

일. 재임과 유사는 매년 파접罷接시에 접중接中에서 선출하도록 한다.

일. 거접시에 관에 품부한 후 15인을 초선抄選한다. 시詩로 11인을 선발하고, 부賦에서 4인을 선발한다.

일. 초선한 인물들에 대해서는 학교에서 회판會辦하도록 하고, 각처에 그 경비를 부담 지우지 않는다.

일. 초선할 때에 시부에 실제로 재주를 갖추고 있는 자 중에서 비록 혹여 낙루落漏하였더라도 잡스럽게 거론하지 않도록 한다.

일. 비록 재임과 유사라 하더라도 초선되지 않은 인물은 거접하지 못하도록 한다.

일. 재임과 유사는 그 해당 기간에 거접하는 사람이 아니면 천출薦出하지 못한다.

위의 절목에서는 거접을 매년 시행하도록 하였다. 재임과 유사를 접중에서 선출하도록 한 것은 거접할 때 외부인들의 개입을 사전에 차단하려는 목적으로 보인다. 거접하는 인원은 15명으로, 시취는 시부 작성 능력으로 평가하였다. 이 거접 행사는 과거의 제술에 대비하기 위한 것으로 보인다. 당시 다른 고을에서 이루어졌던 거접도 거의 대부분 과거 공부를 주요 목적으로 하고 있었다. 「육영재완의절목」에서는 거접에 참여한 유생들의 명부도 확인할 수 있다. 접유接儒 15명 가운데 현풍곽씨가 11명, 서흥김씨가 3명, 창녕성씨가 1명이었다. 다른 해의 접유 명부도 사정은 마찬가지였다. 현풍곽씨가 압도적으로 많고 그 다음 서흥김씨이며 타성은 한두 사람이 참여하고 있었다.

정구의 「강법」과 조정헌의 「육영재완의절목」을 비교하면 서원 교육의 기본 내용과 그 변화를 살필 수 있다. 정구가 생각한 도동서원은 과거를 준비하는 거업擧業 보다는 '위기지학' 인 도학道學을 공부하는 곳이었다. 향교와는 다른 새로운 교육기구로서 서원의 역사적 의미도 바로 그 점에 있었다. 그러나 시대의 흐름과 함께 서원 교육의 이상도 그 힘을 잃어갔다. 집권관료제 국가 속에서 양반이라는 신분적 특권을 누릴 수 있는 길은 과거를 통해 관료가 되는 길뿐이었다. 모든 교육은 과거로 수렴될 수밖에 없었고, 서원 교육 역시 예외가 아니었다. 서원 교육이 도학 중심으로 이루어지던 시기가 언제까지인지는 알 수 없다. 「육영재완의절목」에서 보듯이, 늦어도 18세기에는 도학이 이미 서원 교육의 중심에서 사라졌다.

「원규」의 나머지 내용은 '정좌차', '예현사', '엄금방' 이다. 각각의 내용은 그 제목만으로도 쉽게 알 수 있다. '정좌차' 는 서원에서 모여 앉을 때 나이 순서에 따라야 한다는 원칙을 밝히고 있다. 벼슬이 높은 자나 다른 지방에서 온 손님은 별도의 자리를 마련하고, 양몽재의 학생들은 모두 남쪽에 앉도록 하였다. '예현사' 는 근방에 뛰어난 선비가 있으면 반드시 스승으로 모셔야 한다는 내용이다. '엄금방' 은 이단의 서책이나 놀이 기구 등을 서원에 들이면 안 된다는 내용을 비롯하여 서원에서 금해야 할 행동을 나열하고 있다. 이러한 내용 역시 크게 보아 서원 교육이라는 범주 속에 포함시켜도 무방하겠다.

3. 한훤당의 흔적을 담고 있는 건물들

1) 소학당

김굉필은 혼인 직후에는 주로 처가가 있는 합천군 야로현 말곡 남교동에서 생활했다. 이때 집 옆 시내 건너 작은 바위 아래에 조그만 서재를 짓고 한훤당이라고 불렀다. 여기에서 독서와 수양에 힘썼고, 가야산에 왕래하며 글을 읽었다. 이 건물은 화재로 소실되어 없어졌는데, 중종이 반정한 1506년에 고을의 선비들이 이곳에 사당을 짓고 소학당이라 하였다. 그 후 1595년과 1696년에 두 차례 중수가 이루어졌다.

소학당(위), 지동암(아래)

현재 합천군 가야면 매안리에 소재하는 이 건물은 소학당小學堂이라는 현판이 걸려 있는 강당 건물과 숭현사崇賢祠라는 사당 건물로 구성되어 있다. 사우는 1999년에 만들어진 것으로 김굉필과 정여창의 위패를 봉안하고 있다. 강당 왼편에 순천박씨, 안동권씨, 벽진이씨 현조顯祖의 위패를 봉안하는 회산사會山祠가 있다. 이 마을에 세거하는 성씨들이 자신들의 선조 가운데 뛰어난 이를 추숭하기 위해 지은 사당이다. 매안리가 서흥김씨의 세거지가 아니니, 현재 건물을 제대로 관리하지는 못하고 있다. 이는 어쩔 수 없는 현상이라 하더라도 소학당 앞에 놓인 안내문조차 잘못되어 있어 눈살을 찌푸리게 한다. 안내문에는 "이 건물은 한훤당 김굉필이 일두 정여창과 더불어 학문을 닦던 유서 깊은 곳"이라고 적혀 있다. 합천에서 두 분이 함께 학문을 닦았다는 기록은 아무 데도 없다. 숭현사에 두 분의 위패를 모신 것은 어떤 기록을 근거로 한 것인지 모르겠다.

이원방李元芳이 쓴 「소학당에 쓰는 시[題小學堂詩]」가 이 건물의 의미를 잘 전해준다.

한 번 가신 한훤옹은 다시 돌아오지 않는데,	一去暄翁不復還
바위 앞 흐르는 물은 지금도 차구나.	岩前流水至今寒
후생이 백 세 후에 남기신 자취 찾으니,	後生百世尋遺躅
소학이란 편액이 태산처럼 높구나.	小學扁名屹泰山

김굉필을 기리기 위해 다시 지은 건물에 소학당이라는 이름을 붙인 이유는 자명하다. 김굉필은 『소학』으로 말미암아 태산처럼 높은 존재가 되었으니, 그를 기리는 건물에 이보다 어울리는 이름은 없을 것이다. 소학당은 정면 4칸, 측면 2칸의 맞배지붕 건물로, 그 앞에는 수백 년이 된 아름드리 느티나무 세 그루가 서 있다. 혹시 저 느티나무는 김굉필이 개울가에 한훤당을 지을 때부터 있었던 것은 아닐까 하는 생각을 문득 하게 된다.

2) 이로정

지금의 대구광역시 달성군 구지면 내2리, 속칭 모정마을의 낙동강변 절벽 위에 이로정二老亭이라는 조그마한 건물이 하나 있다. 정면 4칸, 측면 2칸 규모로 사방에 퇴를 둘러 각 방들의 연결을 편하게 했다. 평면은 좌우 전면에 한 쌍의 방, 좌우 후면에 한 쌍의 마루, 가운데 2칸의 전면은 마루, 후면은 방이다. 건물의 주인이 두 사람이기 때문에 완벽히 대칭인 평면을 구성했다. 두 노인에게 한 칸씩의 방과 마루를 제공하고, 가운데 부분은 교류를 위한 공동공간을 설정한 모습이다. 방과 마루가 전후좌우로 교차 반복하여 배치되는, 허와 실의 절묘한 조합을 보여준다. 이 건물에는 이로정 현판과 함께 제일강산第一江山이라는 현판이 걸려 있다. 그래서 이로정을 제일강산정이라 하기도 하고, 제일강산이로정이라고 하기도 한다. 이 건물의 내력과 의미는 1632년(인조 10)에 장석영이 쓴 「제일강산정기」에 잘 드러나 있다.

> 창녕과 현풍에서 태백의 산이 구부러져 북으로 가다 또 서북으로 돌면서 큰 강을 꼈는데, 강 위에 작은 산이 하나 있어 기다란 날개와 같다. 그 산 위는 편편한 맷돌과 같은데, 정인군자가 단정히 손을 모으고 점잖게 있는 것처럼 빼어난 형상이다. 여기가 한훤 김선생이 일찍이 올라 노시던 곳이다. 그때 일두

이로정과 이로정 편액

정선생께서 안음 수령으로 오셨는데, 도가 합하며 뜻이 맞아 서로 여기에서 만나 학문을 강론하셨다. 뒷사람이 이곳을 제일강산이라 이름 붙였다. 대저 산이 이보다 높은 것도 그러한 품평을 얻지 못하는데, 제일이란 명칭이 도리어 조그마한 언덕에 있는 것은 무슨 까닭인가. 그것은 사람에게 있고 산에 있는 것이 아니기 때문이다. 그 사람을 얻으면 한 주먹만한 돌도 곤륜산보다 높을 수가 있고, 그 사람을 얻지 못하면 태산 같은 높은 산도 언덕보다 못할 수가 있다. (중략) 선생의 학문을 공부하는 뒷사람들이 선생의 자손들과 의논하여 강의 윗산 아래에 정자를 짓고 수계修稧하여 낙성을 하고 그 정자를 제일강산이라 하고, 그 당을 이로라고 이름하였다. (중략) 여기에서 이로의 도를 공부하고 이로의 글을 읽으면 완연히 선생의 강단에 옷자락을 걷고 들어가는 듯 할 것이며, 강정 아래에서 배를 타고 거슬러 올라가 니구尼邱 수사洙泗에 도달한다면 이것이야말로 또 천하제일의 강산일 것이다.

정여창이 안음현의 수령으로 내려왔을 때가 1494년(성종 25)이고, 이후 5년간 재임하였다. 그때 김굉필은 현풍에 거주하여 두 사람이 이곳에서 만나 강론했다고 전해진다. 두 분이 도학을 강론하던 곳이니 주위 강산의 크기와는 상관없이 제일강산이라는 이름을 붙일 수 있다고 했다. 기왕에 제일강산이라는 이름을 붙였으니 이곳에서 두 분의 가르침을 따르려고 노력해야 한다는 다짐도 잊지 않았다. 유학자들의 자연관, 건축관이 잘 드러나 있는 글이다. 세월이 흐르면서 이 정자가 허물어져 1917년에 다시 중수하였다.

이로정에서 바라보는 전망경관은 꽤 멋있다. 낙동강과 현풍들이 어우러져 아름다운 자연 경관을 제공한다. 최근에 이 정자의 바로 앞 절벽 밑으로 자전거 길이 생겼다. 낙동강을 따라 자전거 길을 만들면서 이로정 앞 절벽 밑으로 길을 만든 것이다. 그리고 이로정 앞마당에 벤치 몇 개를 놓았는데, 아마도 자전거를 타고 가다 이곳에서 쉬어 가라는 배려일 것이다. 찾는 사람이 거의 없던 이곳에 이제는 간혹 들리는 사람들이 있을까?

3) 종택, 광제헌

대구광역시 달성군 현풍면 지리池里, 속칭 못골이라 부르는 마을이 있다. 도동서원에서 십여 킬로미터 떨어진 곳이다. 용홍지라는 이름의 커다란 연못이 있어 못골이라 부르는데, 마을 입구에 '소학세향小學世鄕'이라는 커다란 표석이 놓여 있다. 그 표석 옆길을 따라 들어서면 얼마 지나지 않아 또 하나의 자그마한 연못이 있다. 지도에는 지동지池洞池라는 이름으로 불린다.

우리나라의 유서깊은 종택이 있는 곳은 어디를 가나 풍수지리에 관한 이야기를 들을 수 있다. 이곳 서홍김씨의 종택도 예외는

'소학세향' 표석

한훤고택

아니다. 종가의 지형이 나비처럼 생겨, 나비가 살려면 물이 있어야 하니 그 연못을 만들었다는 이야기가 있다. 자그마한 연못 뒤로 '한훤고택寒暄古宅' 이라는 또 하나의 표석을 볼 수 있다. 그리고 그 표석 뒤로 오래 된 대문 하나가 보인다. 종택인 광제헌光霽軒의 대문이다. 그 대문 뒤에는 그렇게 오래되지 않은 한옥이 서 있고, 한옥 뒤 언덕 위에 사당이 서 있다. 이 집에는 지금 연로하신 종손과 그 아드님 내외가 함께 살면서 조상의 제사를 받들고 있다.

'한훤고택' 이라는 표석은 서 있지만 이 집에서 김굉필이 거주한 적은 없다. 김굉필은 생전에는 현풍의 솔례촌(현재 현풍면 대리)에서 살았고, 돌아가신 뒤에는 도동[현재 구지면 도동리]에 잠드셨다. 그의 후손들은 도동에 새로운 터전을 마련하여 세거하다, 김굉필의 11대손인 정제鼎濟가 1719년(숙종 45)에 이곳으로 옮겨 왔다. 그 후 이곳에 서흥김씨의 동성마을이 형성되었고, 종손이 대대로 이곳에 거주하면서 서흥김씨 문중의 구심점이 되었다. 원래의 고택은 한국전쟁 때 마을의 많은 집들과 함께 소실되고, 대문과 사당만 남았다. 다른 건물에 비해 솟을대문만 고색이 뚜렷한 까닭은 그 때문이다. 종택은 한국전쟁 직후에 지어졌으니, 아직 채 100년이 되지 않았다.

종택에서 원래의 모습대로 남아있는 사당은 정침의 후면 경사진 높은 곳에 위치하고 있다. 가파른 경사지를 크게 3단으로 나누어 축대를 쌓았는데, 아래쪽의 두 단은 막돌로 열두 계단을, 세 번째 단은 여덟 계단을 만들었다. 이 계단을 거쳐야 사당의 삼

종택 현판들

묘소와 사당

문에 오를 수 있다. 뒷산은 도동서원의 배산背山이 되는 대니산과 그 맥이 연결되어 있다.

사당의 정면 어칸御間 앞 기단 위에 이 사당의 연원을 알려주는 '광해칠년을묘사월십오일조光海七年乙卯四月十五日造' 라고 새겨진 전돌이 깔려 있고, 문짝에도 '광해칠년을묘사월십오일현풍현감허길玄風縣監許佶' 이라고 쓴 쪽지가 붙어 있다. 김굉필은 중종반정으로 신원된 후 1517년(중종 12)에 우의정으로 추증되고, 불천위가 되었다. 1610년(광해군 2) 문묘에 종사된 후, 나라에서 명하여 현풍현감 주관으로 당시 후손들이 살던 도동동道東洞에 사당을 지어 주었다. 이후 후손들이 현재의 종가로 이주할 때 가묘를 그대로 옮겨 세웠다. 가묘 바닥의 전돌 조각이 그 오랜 역사를 말해주고 있다.

사당을 제외한 종택의 여타 건물은 오래되지 않았고, 또 특색 있는 건축물도 아니다. 그러나 광제헌이라는 당호에는 '소학동자'로 자처한 김굉필이 『소학』 공부로 키운 '광풍제월光風霽月'의 지취와 기상이 담겨 있다. 광제헌 뒷벽에 '소학세가'라는 편액이 걸려 있는데, 김굉필의 지취와 기상이 대를 이어 전해오는 집이라는 의미이다. 그 속에 사는 사람들이 그 의미를 되새긴다면 건물의 가치는 저절로 만들어질 것이다.

4) 정수암과 낙고재

도동서원에서 강변을 따라 현풍 읍내로 나가려면 다람재를 넘어야 한다. 다람재 정상에 오르기 전, 서흥김씨 문중의 선영이 오른쪽 대니산 속에 있고 산쪽으로 갈라져 올라가는 길을 오르면 정수암淨水庵에 다다른다. 현재는 차를 타고 올라갈 수 있다. 정수암은 김굉필이 부친상을 당하여 묘소 아래 여막을 짓고 3년상을 치른 곳이며, 그의 효성을 기념하여 1626년 문중에서 재실로 창건했다. 지금은 승려가 거처하는 암자로 사용하고 있는데, 몇

정수암(위)과 낙고재(아래)

개의 건물들이 더 지어졌고, 그 가운데는 규모가 큰 콘크리트 건물도 있어 원래의 정수암과는 전혀 다른 모습이 되어버렸다.

도동서원에서 얼마 떨어지지 않은 마을 안에 서흥김씨 문중의 재실이 하나 있다. 낙고재洛皐齋라 불리는 5칸 규모의 일자집으로, 김굉필의 부친인 뉴紐의 묘향을 준비하던 곳이라고 한다. 언제부터 있었는지는 확실하지 않지만 이전의 건물은 한국전쟁 때 불타버렸고, 지금의 건물은 1955년에 문중에서 다시 건립했다. 마을 큰 길에 면해서 낙동강을 바라보는 위치에 자리잡고 있다.

小學世鄕

제5장 종가의 제례

1. 준비

김굉필은 1504년 10월 초하루(음력)에 배소인 순천에서 참형을 당했다. 그를 모시는 불천위 제사는 이날인 음력 10월 초하루에 행해진다. 한훤당 종가의 기제사忌祭祀는 모두 정침正寢에서 지내지만 불천위 제사는 사랑채인 광제헌 대청에 제청祭廳을 마련한다. 대청 안쪽에 병풍을 두르고 그 앞에 신주를 모실 교의交椅와 제상祭床을 설치하고 다시 그 앞에 향안香案과 모사茅沙와 퇴주 그릇 등을 준비한다.

제사 전날 오후부터 각 지역에 흩어져 있는 제관祭官들이 모여든다. 제관들은 대부분 현풍과 창녕 등지에 거주하는 장파, 중파, 계파의 후손들이며, 해마다 그 인원이 조금씩 줄어들고 있다.

헌작獻爵할 때 초헌은 장파인 종손이, 아헌은 중파에서, 종헌은 계파에서 각기 담당한다. 종족들이 모인 이 자리에서 문중의 대소사를 의논하고, 제례를 담당할 집사를 정하는 집사 분정을 한다.

1) 출주

제례는 밤 12시 30분경 사당에서 출주出主하는 의식으로부터 시작된다. 출주는 신주를 사당에서 모셔내 오는 것을 말한다. 종손은 봉촉捧燭, 봉향捧香, 봉로捧爐 및 축관祝官 등 집사들과 함께 사당 삼문의 서쪽 문으로 들어가 사당 앞에 선다. 봉촉이 제상에 촛불을 밝히고 종손이 분향한 후 사당 어칸 문 앞에서 재배하고 나면 축관이 종손의 왼쪽에 꿇어앉아 출주고사를 한다. 축문의 내용은 다음과 같다.

今以

顯○○代祖考 贈大匡輔國崇祿大夫議政府右議政兼領
　經筵監春秋館事諡文敬公行承議郎刑曹佐郎府君
　遠諱之辰 敢請

顯○○代祖考 贈大匡輔國崇祿大夫議政府右議政兼領
　經筵監春秋館事諡文敬公行承議郎刑曹佐郎府君

顯○○代祖妣 贈貞敬夫人順天朴氏

神主 出就廳事 恭伸追慕

오늘 높으신 ○○대 조고 증대광보국숭록대부의정부우의정겸영경연춘추관사 시문경공 행승의랑형조좌랑 부군의 기일을 맞이하여 ○○대 조고 증대광보국숭록대부의정부우의정겸영경연춘추관사 시문경공 행승의랑형조좌랑 부군과 ○○대 조비 증정경부인 순천박씨의 신주를 제청에 모셔 추모의 제사를 올리고자 감히 청하옵니다.

사당 안에는 정면 중앙에 위치한 불천위 신주의 감실을 비롯해서 현 종손의 4대 조상의 감실龕室이 동서 양쪽에 모셔져 있다. 감실을 열면 지육면체의 주독主櫝이 있는데 고위考位의 신주는 서쪽에, 비위妣位의 신주는 동쪽에 모셔져 있다. 천으로 된 덮개를 벗기면 밤나무로 된 신주에 선조고先祖考의 관작명과 봉사손奉祀孫의 이름이 두 줄로 새겨져 있다. 신주는 한 줄로 써야 되기 때문에 관직명이 긴 경우에는 글씨가 깨알같이 작게 쓰여 있다. 불천위 신주는 다음과 같다.

(고위) 顯先祖考贈大匡輔國崇祿大夫議政府右議政兼領 經筵監春秋館事謚文敬公行承議郎刑曹佐郎府君 神主

孝○○代孫○○奉祀

출주

(비위) 顯先祖妣贈貞敬夫人順天朴氏 神主

孝○○代孫○○奉祀

축문 낭독이 끝나면 종손이 사당의 동문으로 들어가 감실의 문을 열고 주독을 모셔와 두 손으로 앞가슴에 안고 어칸문으로 나와 역시 삼문의 신문을 통하여 계단을 내려오고 다른 집사들은 서문으로 나와 그 뒤를 따른다.

진설

진설

2) 진설

제청 중앙에 마련된 교의에 신주를 정중히 모시고 나면 집사들은 조상께 올리기 위해 마련한 제사음식, 곧 제수祭需를 제상 위에 차린다. 이를 진설陳設이라 한다.

제상의 맨 앞줄에 기본 과실 네 가지를 왼쪽부터 대추, 밤, 배, 감 순서로 놓고(조율이시棗栗梨柹), 그 다음에 여러 과일을 놓는다. 그 다음 줄은 포와 식혜를 좌우 끝에 놓고(좌포우혜左脯右醯) 그 사이에 전과 숙채, 김 등을 놓는다. 다음 줄에는 삼탕三湯, 그 다음 줄에는 왼쪽에 편艑을, 중앙에 적炙을 놓는다. 적은 아래로부터 어적魚炙, 육적肉炙, 계적鷄炙을 차례로 쌓는다. 맨 뒷줄에는 메(반飯)를 서쪽에 국(갱羹)을 동쪽에 놓고(반서갱동), 메와 국 사이에 잔반(술잔)을 놓고 중앙에 시접匙楪(수저를 올려놓는 그릇)을 놓는다.

예전에는 김굉필의 불천위 제사에 도동서원에서 매년 몇 가지 제물을 보내왔다. 그 품목은 황육(쇠고기) 10근, 문어 1마리, 어물 3마리, 곶감 한 접 등으로 정해 놓았다. 유림에서 서원에 모시는 춘추 향사 이외에 별도로 제물을 마련해 주는 것은 다른 곳에서 보기 드문 예였다. 지금은 제물 대신에 현금을 보내지만, 유림에서 불천위 제사에 성의를 보이는 뜻은 마찬가지이다.

2. 절차

1) 강신례와 참신례

강신례降神禮는 신을 모셔오는 의례로 향을 피워 혼을 부르고, 강신 술을 모사에 부어 땅 속의 백을 불러 혼백을 합치시키는 상징적 의례이다. 진설이 끝나면 종손은 향안 앞에 나아가 향을 세 번 사르고 두 번 절한다. 집사가 고위의 잔반을 종손에게 주고 종손은 술을 받아 모사에 세 번에 나누어 붓는다. 이후 제사에 참여한 일동이 강림한 신에게 인사를 드리는 참신례參神禮를 행한다.

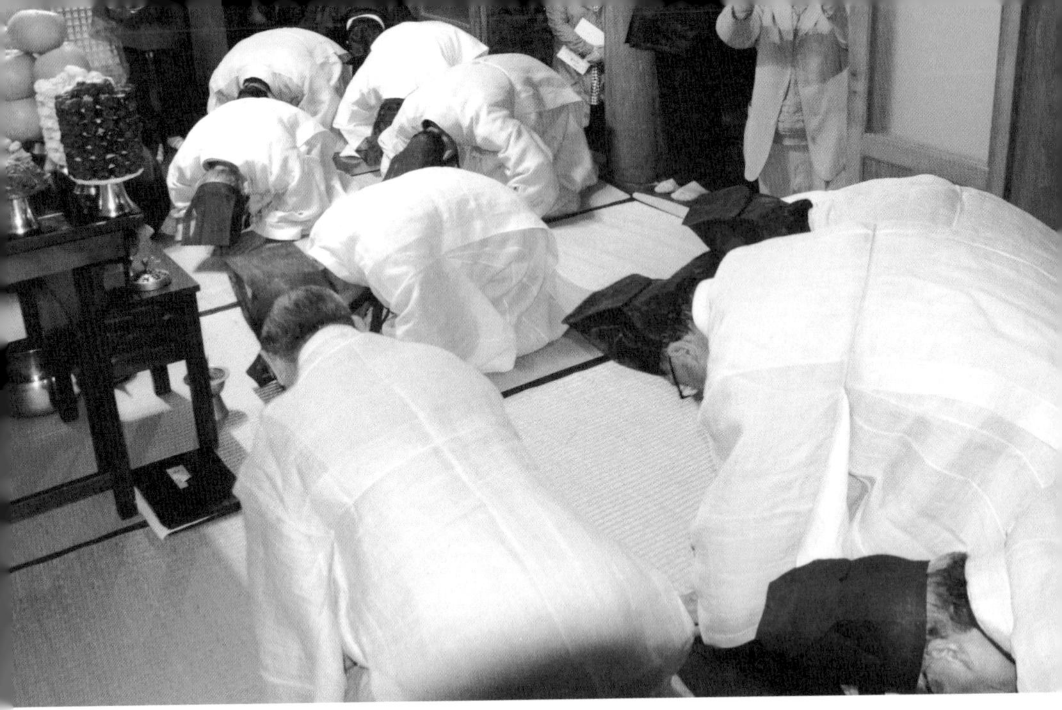

참신례

2) 초헌례

신위에 첫 잔을 올리는 절차로 종손이 맡는다. 헌관은 향안에 나아가 고위와 비위에 잔을 드린다. 집사는 밥그릇 뚜껑을 열고 육적을 올린다. 축관이 축문을 읽는다.

維歲次○○十月○○朔初一一○○孝○○代孫○○敢昭告于

顯○○代祖考 贈大匡輔國崇祿大夫議政府右議政兼領

經筵監春秋館事諡文敬公行承議郎刑曹佐郎府君

顯○○代祖妣 贈貞敬夫人春川朴氏

歲序遷易

顯○○代祖考 贈大匡輔國崇祿大夫議政府右議政兼領

經筵監春秋館事謚文敬公行承議郎刑曹佐郎府君

諱日復臨 追遠感時 不勝永慕 謹以淸酌庶羞 恭伸奠獻 尙

饗

○○년 시월(이달 초하루의 간지는 ○○) 초하루 ○○일에 ○○대 손 ○○는(은) 높으신 ○○대 조부님 증대광보국숭록대부의정부우의정 겸영경연감춘추관사 시문경공 행승의랑형조좌랑부군과 ○○대 조모님 증정경부인 순천박씨께 감히 고하옵니다.

독축

세월이 흘러 높으신 ○○대 조부님의 기일이 다시 돌아오니 지난날의 감회가 깊고 깊어 길이 추모하는 마음 금할 수 없습니다. 삼가 맑은 술과 여러 가지 음식을 차려 제향을 올리오니 흠향하시기 바랍니다.

독축 후 헌관은 재배하고 제자리로 돌아온다. 집사는 다음 헌작을 위해 신위 전에 올린 술잔을 퇴주 그릇에 붓고 제자리에 올려놓는다.

3) 아헌례

아헌례亞獻禮는 신위께 두 번째 잔을 올리는 절차이다. 아헌은 김굉필의 둘째 아들 언상彦庠의 후손 중에서 맡는다. 아헌례의 절차는 초헌례와 같으나 축문 낭독이 없고 헌작 후 육적 대신 어적을 올리는 것이 다르다.

4) 종헌례와 유식

종헌례終獻禮는 신위께 세 번째 잔을 올리는 절차이다. 종헌은 김굉필의 막내 아들 언학彦學의 후손 중에서 맡는다. 종헌례의 절차는 아헌례와 같은데, 헌작 후 계적을 올리는 것만 다르다. 유식侑食할 때 첨작添酌하기 위해 헌작할 때 술을 조금 덜 따르며, 헌관이 재배한 후에 술잔을 비우지 않고 그대로 둔다.

유식례는 신께 식사를 권하는 절차로 초헌관이 향안 앞으로 나아가 끓어앉아 술을 받아 집사에게 주면, 집사는 고위와 비위의 잔에 차례로 첨작한다. 첨작 후 초헌은 재배하고 제자리로 돌아간다.

5) 합문례와 계문례

합문례闔門禮는 혼령이 조용하고 편안히 잡숫도록 문을 닫고 기다리는 절차이다. 대청마루에 제청을 마련하였기 때문에 문을

합문례

닫는 대신 병풍으로 제상을 둘러치고 참사자들은 모두 그 자리에 부복俯伏한다. 계문례啓門禮는 혼령이 잡숫도록 닫아 두었던 문을 여는 절차이다. 합문 후 약 3분쯤 지난 후에 축관이 희흠噫歆(헛기침)을 세 번 하면 모두 일어나고 집사들은 병풍을 원래대로 펼친다.

6) 진다례

진다례進茶禮는 식사 후 숭늉을 올리는 절차이다. 국그릇을 내리고 숭늉을 올린 후 밥을 조금씩 세 숟가락을 떠서 물에 말고 숟가락은 서쪽을 향하도록 숭늉그릇에 걸쳐 놓는다. 그리고 약 3

음복

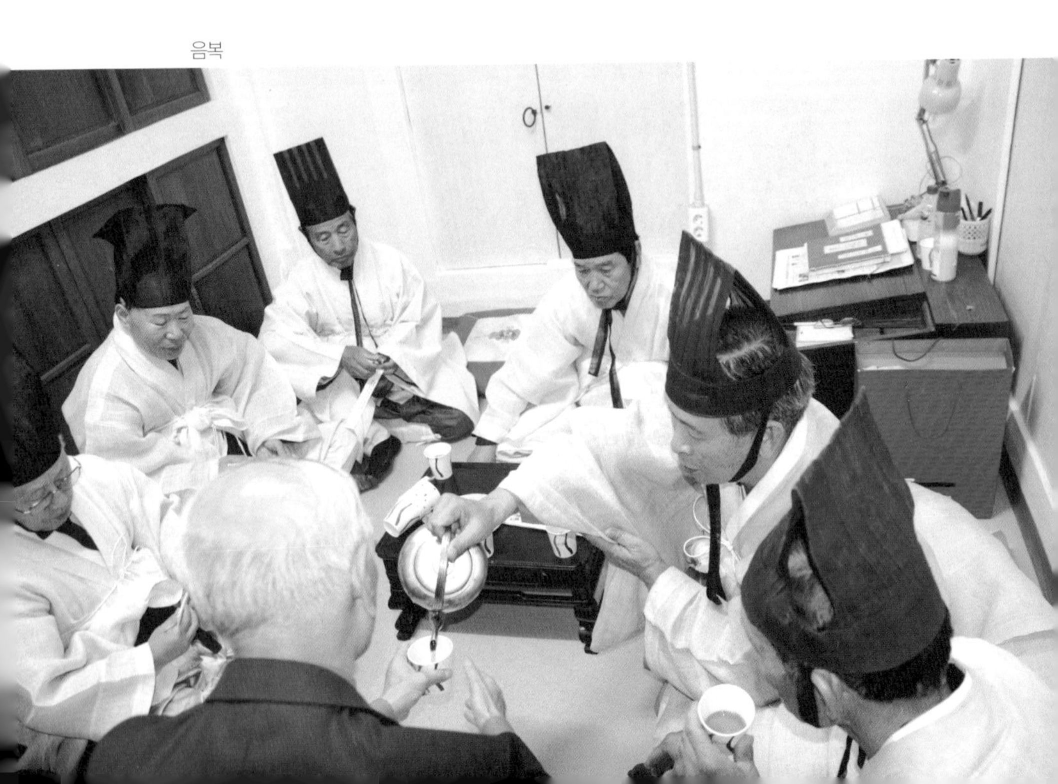

분쯤 몸을 굽히고 정숙하게 서 있는다(국궁鞠躬). 이어서 수저를 내리고(낙시落匙) 밥그릇 뚜껑을 덮는다(합반개闔飯蓋).

종손은 동쪽에서 서향하고, 축관은 서쪽에서 동향하여 서로 마주보며 읍揖을 하고 축관이 주인에게 이성利成을 고한다(고이성告利成). 이것은 신이 제수를 흠향하고 모든 예가 원만히 진행되었음을 알리는 절차이다. 참사자 모두 두 번 절하며 신을 보내드린다(사신재배辭神再拜). 사신재배로 제례의 모든 절차가 끝나고 술잔에 있는 술은 모두 퇴주 그릇에 비운다.

축관은 축문을 사르고(분축焚祝) 종손은 주독을 닫고(합독闔櫝) 두 손으로 앞가슴에 정중히 모시고 사당으로 올라가 감실에 원래대로 모신다(납주納主). 제상을 거두어 치우고(철상撤床) 조상이 흠향한 음식과 술을 후손들이 나누어 먹고 마신다(음복飮福).

3. 특징

괴기부터 홀기笏記 없이 제사를 지내 왔다는 한훤당종가는 규범보다는 관행이 앞서는 제사 방식을 택하고 있다. 장보기, 제사음식 마련하기, 제사음식 담기 등은 여자들의 몫이고 남자들은 오직 제사를 지내고 음복하는 일에만 참여한다. 여자들은 제사와 음복에 참여할 수 없는데, 조선시대 예서禮書에 제시되어 있는 종부의 역할을 이 종가에서는 찾아볼 수 없다. 이러한 양상은 제사음식에도 나타난다. 초헌에서 도적을, 아헌에서 어적을, 종헌에서 계적을 올리는 방법 역시 예서의 규범과 다르다. 또 예서에는 도적에 생육生肉을 쓰도록 했으나 이 집에서는 삶은 고기를 쓴다.

이 집안에서만 볼 수 있는 특별한 음식은 없다. 다만 얼마 전까지 제주祭酒로 쓰기 위해 빚었던 국화주가 특징적이다. 정원에 심은 싱싱한 국화꽃을 가을에 따서 말려 12월에 술을 담근다. 먼저 찹쌀 석 되로 흰죽을 끓였다가 차게 식혀 누룩가루 석 되와 섞어 사흘 정도 삭힌다. 다시 찹쌀 한 말로 고두밥을 쪄서 삭은 누룩과 섞은 뒤 국화 열 송이와 솔잎을 섞어 숙성시켰다가 제사 때마다 제주로 썼다고 한다. 이 국화주는 겨울에 20일 동안 숙성시킨다 하여 일명 '스무주' 라고도 한다.

서흥김씨 종가 또한 오늘날 우리 제사문화가 부딪히게 되는 문제점들을 비켜갈 수 없다. 많은 수의 하인들을 거느리고 제수를 장만하던 시대는 지나갔으니, 얼마 안 되는 집안의 여자들이 제사음식 장만을 모두 책임질 수밖에 없고, 제수는 간단해질 수밖에 없다. 이 집의 사정도 마찬가지로, 오탕은 삼탕으로, 도적 2기와 병餠 2기는 도적 1기와 병 1기로 줄였다. '스무주' 도 더 이상 제주로 쓰이지 않는다.

小學世鄉

제6장 종손의 삶

차종손

한훤당종가의 종손인 김병의金秉義 옹은 올해 아흔 여섯을 맞았다. 워낙 연세가 높으니 출입이나 활동에 제한이 있을 수밖에 없다. 연로하신 종손이 며느님의 봉양을 받으면서 쉬시는 동안, 맏아드님이 종손의 업무를 대신 수행하는 경우가 많다. 차종손 김백용金栢容 씨를 종가로 찾아가 차종손으로 살아가는 이야기를 청해 들었다. 1945년생이니, 2015년 현재 우리 나이로 일흔한 살, 짧지 않은 세월의 흔적이 그 표정에 묻어났다.

그의 조부는 성품이 엄하기로 이름난 분이어서, 감히 누구도 그 앞에서 '아닙니다' 소리를 못했다고 한다. 유일하게 그 앞에서 '아닙니다' 소리를 한 이가 어린 백용 씨로, 호된 꾸지람을 들었던 기억이 잊히지 않는다고 한다. 장차 종가를 이어갈 책임을 지고 태어난 맏손자로서, 초등학교에 다니는 동안 조부에게서 『명심보감』과 『소학』을 배우고 『대학』을 읽었다. 전날 배운 것을 외우지 못하면 회초리로 종아리를 맞기 일쑤였으니, 조부의 기대와 훈육 속에 어린 날을 보냈다. 조부는 삶의 가치를 '위선爲善', 착하게 사는 데 두어야 한다고 가르쳤고, 남에게 베풀며 살고 근검, 절약해야 한다고 강조하셨다. 그 가르침이야말로 경서를 집약한 삶의 원칙이자 그 시대 유가의 공통된 가르침이라 생각하고 있다.

부친 역시 조부의 성품을 닮아 엄했고, 풍산김씨로 안동 오록에서 오신 모친은 유순한 성품이셨다. 부친은 신식교육을 받아 집안 대소가 중에서 제일 먼저 대구로 나가 직장을 잡았고, 이후 삼촌과 사촌 모두가 그 대구 집에서 공부를 했다고 한다. 후에 부산으로 이사를 가기도 했던 부친은 마흔 무렵에 모든 것을 정리하고 고향으로 들어왔다. 이후 부친은 어려운 살림과 어지러운 세태를 꿋꿋이 버텼고, 지금도 여전히 한 그루 고목처럼 종가를 지키면서 일가의 버팀목 역할을 하고 계신다. 그러나 종손으로서의 책무와 대외적인 활동의 대부분은 일흔한 살의 차종손이 대행해 나갈 수밖에 없는 상황이다. 형제자매 칠남매 모두 대구와 서울에서 공부를 하고 직장을 잡았지만, 맏아들인 그는 부친의 뜻에 따라 고향으로 내려오게 됐다. 1973년에, 현풍 중 · 고등학교에서 교직생활을 시작한 이래로 34년간을 봉직하다 퇴직했다.

조부와 부친은 소리 없는 가운데 종손으로서의 의무를 교육했지만, 젊은 날의 그는 그 굴레를 벗어나고자 부단히 노력했다고 한다. 윗대 어른들의 삶과 부친의 일상을 봐오면서, 과연 자신이 종손으로서의 그릇이 될 만한가에 대한 회의가 이어졌다. 운동을 좋아해서 육상 선수, 배구 선수에 태권도 공인 3단을 땄던 젊은이는 따분하게 앉아서 족보나 익혀야 하는 현실이 너무나 괴로웠다. 이대로 주어진 조건대로 살아서는 안 되겠다는 자각에 고뇌하다가, 급기야 병역을 마치고 외국으로 나가버릴 생각까지 했다고 한다. 그러나 결국 부친의 손에 잡혀와 국문학을 전공하면서 한문공부를 해야 했다. 결국 교직에 종사하게 되지만 여전히 활동적이고 산을 좋아하던 청년이었다.

그러던 어느 날 지리산 천왕봉에서 내려오는 길에 바로 선자리에 불려나가게 된다. 선대 때부터 그랬듯이, 그때까지도 여전히 영남의 내로라하는 명문가들끼리 혼인이 오고가는 상황이었다. 차종부 정재숙 씨는 차종손보다 다섯 살 아래로, 한강 정구 선생의 후손이다. 교직에 있으면서 유가를 숭상하고 문중 일에 헌신했던 장인 덕에 그 따님도 유가의 삶이 몸에 배여 있다고 한다. 자신으로 인해 부모에게 욕을 끼치지 않아야 한다는 생각이 철저하고, 보학에도 밝다고 한다. 그러나 드러나기를 원하지 않은 성품 때문인지 직접 인터뷰는 굳이 사양했다.

혼인을 해서 아이를 낳고부터, 차종손은 생각이 많아졌다고 했다.

'기왕 종가의 맏아들로 태어났으니, 이 집을 지키는 게 나의 소임이 아니겠는가.'

그날로부터 순응하기로 마음을 먹었다. 같은 입장인 다른 문중의 아랫대들과도 서로 교류하고 왕래하면서 차종손으로서의 소임을 익히기 시작했다.

그는 종손으로서의 역할을 조용히 수행하고 있다. 부친인 김병의 옹은 달성군 초대문화원장을 맡아 전통문화 지원과 함께 한훤당의 위업을 현창하는 활동을 활발히 벌이셨다. 그에 비해 그는 교직에서 은퇴한 후로 별다른 대외 활동을 하지 않고, 지역민들과 지손들을 대상으로 선조의 학덕과 우리 전통문화를 알리는 일을 하고 있다. 도동서원 옆에 숙소동을 갖춘 충효관을 몇 해 전에 건립해서 전통문화와 뿌리 교육을 하고 있고, 서당식 교육이나 작은 강좌를 열기 위한 한옥 건물을 종택 안에 신축하고 있다. 이 건물은 대구광역시 고택문화사업의 효시로 기록된다.

종손으로서 사는 어려움에 대해 묻자, 먼저 '외롭다'는 말로 답을 한다. 사람을 만나서도 마음 가는 대로 즐길 수가 없으니 혼자서 마음을 다스려야 한다는 말일 것이다. 워낙 좁은 지역 사회이니, 친구들과 어울려 술을 먹고 놀았다고 하면 바로 다음날 사람들의 입에 오르내릴 게 뻔한 일. 그게 싫어서 혼자서 지내거나 아니면 대구 시내에 있는 박약회博約會 사무실에 나가서 회원들끼리 환담을 나누는 것으로 대신한다고 한다. 같은 지역의 비슷한 연배들끼리 소탈하고 허물없이 어울릴 수 있으면 좋으련만, 하는 아쉬움이 묻어난다.

종손으로서의 보람을 언제 느끼게 되느냐고 물어보았다. 문중의 소소한 일들이 진행되는 와중에 종손의 역할이나 존재를 은연중에 인식해주면 될 것이고, 때로 '아직도 종손이 이렇게 존재하면서 종가를 지키는 것이 경이롭고 고맙다.' 고 인사를 받을 때도 있는데, 그게 보람이라 생각한다고 소박하게 답했다.

자녀에 대한 질문으로 말을 돌렸다. 아들 하나 딸 둘을 키우면서, 자신과는 달리 자유롭게 커가기를 바라면서 별로 잔소리를 하지 않았다고 한다. 그런데 지금은 자신 역시 부친처럼 아들을 불러 내렸고, 마흔두 살의 차차종손은 지금 종가와 가까운 현풍 읍내의 아파트에서 살고 있다.

> "이 집에 대해 공부하고, 문중 일도 네가 조금씩 해나가거라. 잘하지는 못하더라도 남한테 크게 욕 듣지 않게 지켜 나가야 하지 않겠느냐."

자신이 벗어나고 싶어 했던 고뇌와 과업을 아들에게 전수할 수밖에 없는 처지가 된 것이다. 전래의 방식으로 불천위 제사를 모시고, 도동서원에서 춘추로 올리는 향사와 수많은 산소에서 드리는 묘사를 주관하고, 사당을 관리하는 임무를 하나씩 배우게 하고 있다. 세대를 이어가는 과업을 전수받은 아들은 바쁜 틈을 타 영종회嶺宗會(경북 지역 불천위 종손들의 모임)의 차종손 모임에도 나가면서, 소임을 익히고 있다고 한다. 다른 종가의 하는 일을 보며 견문을 넓히고, 다른 차종손들이 처신하는 것을 눈여겨보면서 안목을 넓히기를 바라는 것이 그 부친의 마음일 것이다.

불천위 제사야말로 종가의 가장 큰 존재 이유라고 할 것이다. 잘난 선조의 위세를 떨치고, 그 덕으로 후손들이 대대손손 명망 있는 양반으로 존재할 수 있도록 하는 행사이기도 한 것이다. 한훤당의 불천위 제사는 음력 시월 초하루이고, 그 비위妣位의 제사는 음력 팔월 스무이틀이다. 아직 내외분을 합설하지 않고 각각 모시고 있다. 차종손이 젊었을 때만 해도 백여 명에 가깝던 제관들이 요즘은 많아봐야 한 서른 명 내외로 줄어들었다. 아직 전통대로 자정이 넘어서 모시는데, 제관들 대부분이 차를 몰고 다니니 제사 한두 시간 전에 왔다가 음복이 끝나면 새벽에 돌아간다고 한다. 옛날에는 그 전날부터 제관들이 모여서 종가에서 자고 제사를 모시고 난 다음날 돌아갈 수밖에 없었으니, 그 뒷바라지에 대소가 부인네들의 골몰이 심했을 것이라는 마음을 표했다. 시대의 변화와 더불어 접빈객의 부담은 상당히 줄어들었으나, 오고가는 손님 바라지에 차종부의 손길은 여전히 분주할 수 밖에 없을 것이다.

조상의 유지를 어떻게 받들어야 할 것인가 하는 질문에, 차종손은 한훤당의 '실천궁행實踐躬行'을 강조했다. 평생 신념을 저버리지 않고, 고뇌 속에서도 공부한 대로 실천했다는 것이야말로 추앙을 받아 마땅한 덕이며, 현대에도 반드시 필요한 덕목일 것이라고 밝혔다. 차종손의 고조부는 현풍 현감으로 지내면서 어려운 사람들을 돌보고 노비들을 가르치는 선정을 폈다고 했다. 그는 선대들의 그런 정신을 후손들에게 전해주는 것이 자신의 일이라고 생각하고 있으며, 잘난 조상을 뒀다는 것이 오히려 부담스러운 일이라고 조심스러운 표정을 지었다. 일생 자랑스러운 선조를 욕보이지 않도록, 그 후손으로서 남에게 비난 듣지 않도록 노력해야 한다는 우직하기조차 한 신념으로 살아온 고심을 읽을 수 있었다.

종가는 일가의 정신적 구심점 역할을 하는 것은 물론, 지역사회에서도 가장 명망 있는 고택으로서 자리하고 있다. 그러나 현실적으로는 경제적인 문제를 해결해야 하는 과제를 안고 있다. 옛날처럼 지손들의 보종으로 지탱할 수 없는 상황인 만큼, 종가 스스로 이 문제를 해결할 수 있는 자구책을 마련해야 하는 과제에 직면해 있다. 급격하게 변하는 세태 속에서 가장 전통적인 방식으로 살아가는 그에게, 전통 문화와 종가를 이어갈 수 있도록 지속 가능한 재원 마련의 임무마저 주어져 있다.

낙동강에 인접한 여건 탓으로 80여 호나 되던 기왓집이 한국전쟁 때 대부분 사라지고, 종가도 사당과 대문채의 솟을대문만 남기고 다 소실된 것을 이후 복원했다. 그 탓으로 유형문화재로 지정될 수 없게 됐으니, 그 대안으로 한훤당의 정신을 잇는 무형문화재 지정을 추진하고 있다. 소학당, 이로정 등의 정자 관리 또한 과제로 남아 있다. 다음 세대, 또 그 다음 세대들이 이런 임무를 어떻게 수행해 나갈 것인지, 후대에까지 크나큰 숙제를 물려준다는 중압감이 상당할 것이라고 짐작해본다.

오백여 년 내려오는 선조의 유훈을 이어가는 것을 일생의 과업으로 받아들인 윗대 종손들, 정성과 노고로 전통 생활을 지탱해온 종부들 덕분에 문중이 융성하고 종가가 지탱해왔다. 백수白壽를 바라보는 종손과 일흔이 넘은 차종손과 사십대 장년의 차차종손까지, 삼대가 지켜가는 한훤당종가는 유가의 전통을 어떻게 이어가야 하는가 하는 전범을 우리에게 보이고 있다. 실천궁행을 강조했던 선조의 정신을 이 시대에 구현하고자 노력하는 차종손 김백용 씨의 의지를 다시 생각하며 종가를 나오는 길, 집 앞을 지키고 서 있는 오래된 은행나무 아래서 옷깃을 가다듬는다.

참고문헌

영남대학교 민족문화연구소편, 『道東書院誌』, 영남대학교 출판부, 1997.

한훤당선생기념사업회 편, 『國譯景賢錄』 초판, 1970. 訂補版, 1984.

국립문화재연구소 편, 『서원향사: 남계서원 · 도동서원』, 예맥, 2013.

국립문화재연구소 편, 『종가의 제례와 음식: 서흥김씨 한훤당 김굉필 종가, 반남박씨 서계 박세당 종가』, 김영사, 2003.

김기주, 「도동서원과 한강학의 성립」, 『한국학논집』 57, 계명대학교 한국학연구원, 2014.

김봉렬, 「성리학의 건축적 담론-도동서원」, 『이 땅에 새겨진 정신』, ㈜이상건축, 1999.

김시업, 「한훤당 김굉필의 도학적 시세계와 인간자세」, 『대동문화연구』 48, 성균관대학교 대동문화연구원, 2004.

김훈식, 「한훤당 김굉필에 대한 조선시대의 평가와 그 의미」, 『동방학지』 133, 연세대학교 국학연구원, 2006.

_____, 「'순천간본' 『경현록』의 편찬과 내용」, 『역사와 경계』 86, 부산경남사학회, 2013.

_____, 「'도동간본' 『경현록』의 편찬과 내용」, 『지역과 역사』 32, 부경역사연구소, 2013.

_____, 「한훤당 김굉필의 문인록에 대한 검토」, 『역사와 경계』 96, 부산경남사학회, 2015.

배종호, 강주진 外, 『寒暄堂의 生涯와 思想』, 한훤당선생기념사업회, 1980.

백두현, 「「현풍곽씨언간」에 나타난 한훤당과 도동서원제이야기」, 『선비문화』 13, 남명학회, 2008.

서흥김씨대종회 편, 『瑞興金氏寶鑑』, 1999.

서흥김씨대종회 편, 『서흥군과 한훤당』, 사진예술사, 2014.

설석규, 「한훤당 김굉필의 도학과 도통의 수립」, 『조선사연구』 13, 조선사연구회, 2004.
성교진, 「한훤당 김굉필의 「추호가병어태산부」에 대한 연구」, 『우계학보』 23, 우계문화재단, 2004.
신두환, 「한훤당 김굉필의 시문에 나타난 '성리미학' 탐색」, 『한문교육연구』 23, 한국한문교육학회, 2004.
유현주, 「조선전기 한훤당 도학의 위상과 역할」, 『동양철학연구』 81, 동양철학연구회, 2015.
윤인숙, 「김굉필의 정치네트워크와 소학계」, 『조선시대사학보』 59, 조선시대사학회, 2011.
이구의, 「한훤당 김굉필의 시에 나타난 자아의식」, 『한국사상과 문화』 57, 한국사상문화학회, 2011.
이병휴, 「조선전기 사림파의 추이 속에서 본 김굉필의 역사적 좌표」, 『역사교육논집』 34, 역사교육학회, 2005.
이상성, 「한훤당 김굉필의 도학사상」, 『동양고전연구』 26, 동양고전학회, 2007.
_____, 「한훤당 도학사상의 연구 성과와 향후 과제」, 『영남학』 22, 경북대학교 영남문화연구원, 2012.
이석대 글 · 이신엽 사진, 『도동서원 이야기』, 달성문화재단, 2014.
이세동, 「한훤당문학 연구의 과거와 미래」, 『영남학』 22, 경북대학교 영남문화연구원, 2012.
이수환, 「도동서원의 인적구성과 경제적 기반」, 『사학연구』 60, 한국사학회, 2000.
이종범, 「15세기 후반 기억운동과 미래와의 대화」, 『사림열전』 2, 아침이슬, 2008.
장도규, 「한훤당 김굉필의 도덕적 삶과 시 일고」, 『한국사상과 문화』 49, 한국사상문화학회, 2009.

정경주, 「한훤당 김굉필 도학의 전승 양상」, 『영남학』 22, 경북대학교 영남문화연구원, 2012.

정만조, 이수환 외, 『道, 東에서 꽃피다』, 달성군 · 달성문화재단, 2013.

정출헌, 「한훤당 김굉필의 사제 · 사우관계와 학문세계의 여정」, 『민족문화』 45, 한국고전번역원, 2015.

홍우흠, 「한훤당의 도학에 대한 시탐」, 『동아인문학』 19, 동아인문학회, 2011.

황위주, 「한훤당 김굉필에 대한 평가와 추숭양상」, 『퇴계학보』 137, 퇴계학연구원, 2015.